예민한 아이 잘 키우는 법

예민한 아이 잘 키우는 법

서울대
정신과 의사의
섬세한 기질
맞춤 육아

최치현 지음

일러두기

- 이 책에 나오는 모든 사례는 예민한 아이들이 겪는 문제를 유형화한 것입니다. 사례 속 이름과 내용은 실제 인물과 무관합니다.
- 이 책은 예민한 아이를 둔 부모의 바람직한 태도와 실전 양육법을 순차적으로 익힐 수 있도록 구성했기에 1장부터 읽길 권합니다. 그러나 구체적인 방법이 당장 필요하다면 1, 3, 4, 2장 순서로 읽길 추천합니다.

예민한 아이를 키우는 데
꼭 알아야 하는 원칙이 있다

오늘도 예민한 아이를 만났습니다. 아이는 엄마의 손을 잡고 어리둥절해하며 면담실에 따라 들어옵니다. 소아정신과 전문의인 저를 몰래 쳐다보곤 눈이 마주치자 당황한 듯, 부끄러운 듯 엄마 뒤에 숨습니다.

웃으며 친절하게 아이에게 말을 걸어 보지만 반 정도는 성공하고 반 정도는 실패합니다. 어떤 아이는 계속 엄마 뒤에 숨어 있고, 어떤 아이는 나가겠다며 울먹이기도 하니까요. 뭐, 소아정신과 의사도 우는 아이 앞에서 별수 있나요?

병원 면담실에 찾아오는 부모들은 아이가 너무 예민해서 걱정이라고 말합니다. 그럼 저는 필요한 정보를 얻기 위해서 부모와 아이의 모습을 관찰합니다. 그리고 상황을 객관적으로 평가한 후, 아이와 부모에게 도움이 될 방법을 찾습니다. 마지막으로 제가 관찰하고 평가한 내용, 그에 맞는 해결책을 부모에게 다시 설명해 줍니다.

하지만 이를 충분하게 설명하지 못할 때가 많습니다. 최선을 다해 보지만 턱없이 짧은 진료 시간 탓에 설명이 부족하다고 느낄 때가 많지요. 의사로서 항상 아쉬움이 남았습니다. 그래서 예민한 아이를 둔 부모에게 조금이나마 도움을 주고자 이 책을 썼습니다.

우선 독자가 이해하기 쉽게 꼭 필요한 내용을 골라 친절하게 설명하려 했습니다. 의사와 환자의 관계가 아닌, 예민한 자녀에 대한 고민을 털어놓는 친구에게 말하듯이 썼습니다.

이 책이 여러분에게 정보를 주는 동시에 여러분의 마음을 편안해지게 하면 좋겠습니다. 여러분이 걱정하는 것만큼 예민한 아이는 문제가 있거나 잘못된 것이 아니라 조금 다를 뿐이니까요.

《예민한 아이 잘 키우는 법》은 다음과 같은 특징을 가지고 있습니다.

첫째, 예민한 아이에 대해 부모가 알아야 할 핵심 내용을 쉽게 설명했습니다. 부모가 복잡하고 어려운 양육에 관한 전문 지식을 모두 알아야 하는 것은 아닙니다. 오히려 너무 많은 정보 속에 살고 있어 무엇이 중요한지, 무엇이 부차적인지를 구별하지 못하고 갈팡질팡합니다. 그리하여 흔들리는 부모의 양육의 태도를 든든하게 잡아 줄 내용만 담았습니다.

그 내용을 쉽게 이해할 수 있도록 다양한 비유와 예시를 들어 자세하게 설명하고자 했습니다. 어려운 전문 지식도 쉽게 풀어 전달하는 것이 전문가의 역할이라고 생각하기에 어렵게 쓰지 않았습니다. 중요한 내용만을 골라 쉽게 풀었으니 독자 여러분이 이해하기 편할 것이라 생각합니다.

둘째, 아이를 대하는 부모의 태도를 강조했습니다.

이미 서점에는 '예민한 아이, 불안해하는 아이'를 주제로 한 책이 꽤 나와 있습니다. 다만 기존 책 대부분은 연령별, 구체적인 상황별로 양육법을 제시하더군요. 물론 아이가 보이는 예민한 모습 각각에 대한 접근법을 배우는 것은 부모에게 큰 도움이 됩니다. 그리고 각 상황의 해결책이 나와 있으니 독자는 책을 읽으면서 자신감을 가질 수 있겠지요.

하지만 이 책에서는 단순한 해결책보다 예민한 아이를 대하는 부모의 바람직한 자세가 우선이라고 보았습니다. 부모의 마음가짐, 아이를 바라보는 시선이 구체적인 양육법보다 더 중요하다고 생각하기 때문입니다. 양육은 '기술'이 아닌 '태도'의 문제라고 믿습니다. 또한 이미 상황과 연령에 따른 문제 해결법은 쉽게 접할 수 있으니 다른 관점으로 쓴 책이 독자에게 더 큰 도움을 줄 것이라 생각합니다.

예민한 아이를 키우는 일은 수학 문제를 푸는 일과 비슷하면서도 다릅니다. 수학 문제를 풀려면 기본적으로 사칙 연산을 할 수 있어야 합니다. 사칙 연산도 모른 채 답만 외워서는 변형된 문제를 풀 수 없습니다. 양육도 그러합니다. 예민한 아이를 키우는 데 꼭 알아야 하는 원칙이 있습니다. 그리고 그 원칙을 바탕으로 각 상황에서 해결책을 부모 스스로 찾아야 합니다.

다만 아이를 키우는 데 한 문제에 한 개의 정답만 있는 수학 문제처럼 단 한 개의 올바른 방법만이 존재하는 것은 아닙니다. 내 아이에게 맞는, 시기와 상황에 맞는 유연한 태도를 부모가 보일 수 있어야 합니다. 다른 사람이 추천하는 방법을 그대로 따라만 했다가는 실패하는 이유가 바로 여기에 있지요.

이 책은 예민한 아이를 둔 부모의 행동 지침서입니다. 문제 풀이집이 아니지요. 책을 읽어 나가면서 예민한 아이를 대하는 부모의 올바른 태도를 배울 수 있길 바랍니다. 그 태도만 잃지 않는다면 여러분은 어떤 상황에서도 유능하게 대응할 수 있습니다. 그리고 부모의 걱정은 조금씩 줄어들 것입니다.

예민함 때문에 불안해했던 부모와 당황하던 아이 모두가 활짝 웃음을 지을 수 있길 바랍니다.

최치현

● 차례

1장
우리 아이,
왜 이렇게
예민할까?

2장

예민한 아이,
무엇이
특별할까?

3장

지치지 않는
부모의 특별한
육아 원칙

4장

예민함을
재능으로
키우는 법

5장

예민한 아이
사례로 배우는
실전 육아

우리 아이,
왜 이렇게
예민할까?

— 1장에서는 '예민하다'라는 말이 무엇을 뜻하는지 알아보겠습니다.

어떤 문제를 해결하려면 그 현상 이면에 있는 문제의 본질을 우선 파악해야 합니다. 이때 본질을 파악하는 유용한 방법은 '개념화' 과정을 거치는 것입니다. 구체적이고 복잡한 정보와 현상을 개념화하여 공통적이고 일반적인 지식으로 만듭니다. 개념화를 거치면 현상을 좀 더 쉽고 간단하게 이해됩니다. 그 현상을 바라볼 때 개념이란 틀을 갖고 접근할 수 있으니까요.

예민한 아이를 이해할 때도 '예민함'이라는 공통된 특성을 알고 접근하면 훨씬 효율적입니다. 각 상황과 아이에 따라 그 모습은 다양하지만, 예민한 아이에게는 공통 특성이 있습니다. 아이들의 다양한 모습만큼 접근법과 해결책이 여러 가지라면 많은 시간과 노력이 필요하겠지만, 다행히도 예민함이란 공통된 특성을 이해하면 문제의 접근이 그만큼 간단명료해집니다.

1장 뒷부분에 예민한 아이를 둔 부모의 마음을 살펴보았습니다. 여러분이 무엇을 가장 걱정하는지 알아보고, 다양한 걱정을 개념화'해서 그 본질이 무엇인지 확인해 보세요.

예민한 아이의
다양한 모습

'예민한 아이'는 어떤 아이를 말하는 것일까요? 부모 눈에는 아이가 어떤 모습으로 보일까요?

예민한 아이는 갓난아기 때부터 특별합니다. 이유 없이 울면서 보채고 자주 깹니다. 소리, 향, 온도, 감촉에 민감해 주변 환경이 변하면 금세 알아차립니다.

예민한 아이는 낯선 상황에서 대개 쉬이 진정되지 않습니다. 그래서 예민한 아이를 기질적으로 '까다로운 아이(difficult child)'라고 부릅니다. 여기서 기질(temperament)이란 타고난 행동 양식입니다. 아이의 활동성, 먹고 자고 대소변 보는 시간의 규칙성, 주의집중력 또는 산만함, 자극에 대한 예민성, 주된 기분 상태 등을 고려해 기질을 확인하죠.

기질에 따라 아이가 주변 환경을 어떻게 받아들이고 반응하는지가 다릅니다. 예를 들어 보겠습니다. 2~3살 아이를 유아용 카시트에 앉힐 때, 어떤 아이는 크게 불편해하지 않고 차분히 앉습니다. 카시트 위에서 편안한 표정을 지으며 여유롭게 창밖 세상을 구경하기도 합니다. 반면 어떤 아이는 카시트에 앉자마자 울고 몸부림칩니다. 잠금 장치가 잠기는 '딸깍' 소리에 소스라치게 놀라기도 하죠.
　두 아이의 모습에서 아이마다 타고난 성향에 따라 새로운 환경에 적응하는 정도가 다르다는 점을 알 수 있습니다.

이제 조금 큰 5~6살의 예민한 아이를 생각해 봅시다. 이 시기의 예민한 아이는 흔히 '무서움이 많은 아이'를 말합니다. 이런 아이는 상상 속의 귀신이나 괴물, 그림자, 천둥소리, 심지어 바람 소리도 무서워합니다. 다른 아이들도 어느 정도 무서워하지만 예민한 아이는 극도로 무서워하죠. 무서움이 많은 예민한 아이에게는 부모와 잠시 떨어지는 상황조차 참기 힘든 고통입니다.

낯선 것에 예민한 아이도 있습니다. 새로운 공간에 가거나 낯선 사람과 마주치면 쉽게 움츠러듭니다. 이런 아이는 새로운 친구에게 다가가기가 매우 어려워 부모 뒤에 숨어 친구를 바라만 보기도 하죠.

감각이 민감한 아이도 빼놓을 수 없습니다. 음식의 질감과 향에 편식하기도 하고, 특정 소리나 모양에 집착하거나 과민 반응을 보이기도 합니다. 미용실의 바리캉 소리, 가위와 빗의 감촉을 싫어해 머리카락을 자를 때마다 전쟁을 치르기도 하죠. 또한 신체 감각에 예민한 아이는 스트레스 상황에서 쉽사리 배가 아프거나 숨을 가쁘게 내쉬기도 합니다.

다양함 속 예민함의 공통 특성

이렇게 부모가 생각하는 예민한 아이의 모습은 다양합니다. 예민한 아이마다 보이는 행동이 다르고, 성장하면서 예민해지는 상황이 달라지기도 하니까요. 일상에서 마주치는 상황에 따라 그 반응이 가지각색입니다.

그래서 부모는 혼란스럽습니다. 아이가 보이는 다양한 모습에 어떻게 대처해야 할지 몰라 당황스럽습니다. 이전에 없던 아이의 새로운 모습에 걱정이 됩니다. 이때 부모에게는 '예민함'이라는 공통 특성을 이해하려는 자세가 필요합니다.

예민함의 공통 특성을 이해하면 덜 혼란스럽고 덜 걱정할 수 있습니다. 새로운 걱정거리가 나타난 것이 아니라 예민함의 겉모습만 변했다는 사실을 깨닫기 때문이죠.

그렇다면 예민함의 공통 특성은 도대체 무엇을 말하는지 자세히 알아볼까요?

아이는 타고난 성향에 따라 새로운 환경에

적응하는 정도가 다릅니다.

예민한 아이는

주변 환경, 상상 속의 이미지, 자연 현상, 나쁜 일이

일어날 거라는 생각에서 더 많이 놀라고 무서워하며

걱정하거나 과민반응을 보이기도 합니다.

당신의 아이를 떠올려 보세요.

어떤 상황에서 어떤 자극을 받을 때 아이가 더 예민해지나요?

예민함의
공통 특성이란?

'예민하다'라는 말은 다양한 의미로 씁니다. "나 오늘 좀 예민해"처럼 기분 상태를 말할 때 쓰고, "저 사람은 참 예민한 미각을 가졌어"처럼 무엇인가를 느끼는 능력이 빠르고 뛰어나다는 표현을 할 때도 씁니다. 사람의 성격을 묘사할 때도 '예민하다'라는 표현을 쓰죠. "저 사람은 참 예민한 사람이야"처럼요.

과연 '예민한 사람'이란 어떤 사람을 말하는 것일까요?

예민한 사람을 머릿속에 떠올릴 때 보통 이런 모습입니다. 작은 소리에도 깜짝 놀라는 사람, 사소한 일에도 스트레스를 많이 받는 사람, 다른 사람의 표정과 말 하나하나에 신경을 쓰는 사람, 사소한 자극에도 통증을 잘 느끼는 사람, 남들은 하지 않는 걱정을 많이 하는 사람, 생각했던 대로 되지 않으면 쉽게 짜증을 내는 사람, 감수성이 매우 풍부한 사람.

예민한 사람의 모습은 매우 다양한 모습이지만 사실 예민한 사람은 크게 두 가지 공통 특성을 가집니다. 하나는 자극을 더 많이 받는다는 점이고, 다른 하나는 그래서 더 크게 반응한다는 점입니다.

자극을 더 많이, 자극에 더 크게

예민한 사람은 그렇지 않은 사람에 비해 더 많은 자극을 받습니다. 같은 소리라도 더 크게 듣습니다. 같은 통증이라도 더 크게 느낍니다. 다른 사람은 듣지 못하는 소리와 느끼지 못할 통증도 예민한 사람은 듣고 느낍니다. 감각뿐만 아니라 대인 관계에서도 더 많은 자극을 받습니다.

다른 사람의 표정과 말에서도 더 많은 의미를 찾습니다. 다른 사람은 보지 못하는 상대방의 미묘한 표정 변화를 찾아냅니다. 또한 과거에 일어났던 일, 미래에 일어날 수도 있을 상황이 예민한 사람에게는 더 많이 떠오릅니다.

자극을 더 많이 받는 예민한 사람은 더 크게 반응합니다. 같은 소리라도 더 깜짝 놀라고 같은 통증이라도 더 아파하고, 작은 자극에도 반응하니 예민하지 않은 사람 눈에는 그 모습이 조금 유별나 보일 수 있습니다.

다른 사람의 표정과 말에 기분이 요동치는 모습을 보이기도 하죠. 칭찬 몇 마디에 기뻐하다가도 친구의 거절에 크게 실망합니다. 과거에 일어났던 일에 몰두하기도 하고, 미래에 대한 걱정에 밤잠을 설치기도 합니다. 예민하지 않은 사람에게는 감정 기복이 크고 걱정이 많은 사람으로 보이기도 합니다.

이 두 가지가 예민한 사람의 주된 특성입니다. 그 외는 부차적입니다. 머리가 좋고 나쁜지, 감정적이거나 이성적인지, 대인 관계에서 인사이더거나 아웃사이더인지, 행복하거나 불행한지는 예민한 사람의 기본 특성이 아닙니다.

예민한 사람은 머리가 좋을 수도 나쁠 수도 있고, 감정적일 수도 이성적일 수도 있으며, 인사이더와 아웃사이더 모두가 될 수 있습니다. 또 행복할 수도 있고 그렇지 않을 수도 있죠.

예민함은 정도의 차이만 있을 뿐

추가로 강조하고 싶은 것은 예민함의 정도와 범위는 연속적이라는 사실입니다. 많은 사람들은 예민한 사람과 그렇지 않은 사람 둘로 나뉜다고 생각합니다. 예민한 사람은 모든 면에서 항상 예민하다고 생각하기도 합니다. 하지만 예민한 사람과 그렇지 않은 사람을 이분법적으로 나눌 수 없습니다.

누구나 어느 정도는 예민하고 어느 정도는 예민하지 않습니다. 한 사람이 받는 여러 자극 중에서도 더 예민하게 받아들이는 것과 그렇지 않은 것이 있습니다. 청각에는 예민한데, 촉각에는 예민하지 않을 수 있는 것처럼요.

예민한 사람의 두 가지 공통 특성은

첫째, 자극을 더 많이 받고

둘째, 자극에 더 크게 반응한다는 것입니다.

우리 아이가 다른 아이에 비해 예민하다고 느끼나요?

어떤 상황에서, 어떤 자극을 받을 때 아이가 더 예민해지나요?

아니, 다르게 질문해 봅시다.

어떤 상황에서, 어떤 자극을 더 많이 받아서

더 크게 반응하나요?

예민한 아이가
어른과 다른 점

예민한 아이의 기본 특성은 예민한 어른과 비슷합니다. '예민한 아이'이기 전에 '예민한 사람'이기 때문이죠. 예민한 사람은 자극을 더 많이 받고, 그래서 더 크게 반응한다고 했습니다.

예민한 아이도 마찬가지입니다. 예민한 아이는 감각, 주변 환경, 다른 사람의 표정과 말, 상상 속의 이미지, 나쁜 일이 일어날 것이라는 생각, 자신의 실수에서 더 많이 자극받고, 그래서 아이는 더 많이 울고 보채고 놀라고 무서워하며 걱정하고 자책합니다.

예민한 아이는 수신 기능이 발달했다

그렇지만 예민한 아이에게는 예민한 어른과 다른 몇 가지 특징이 있습니다.

예민한 아이는 어른에 비해 아직 감정 조절 능력이 덜 발달했습니다. 그래서 때로는 감정에 휩쓸리고 압도당하기도 합니다. 감정 표현도 어려워 때때로 말 대신 행동으로 불편한 마음을 표출합니다. 그래서 예민한 아이가 울고 떼쓰거나, 얼어붙거나, 심지어 물건을 던지기도 하는 거죠.

아직 아이는 인지 능력도 덜 성숙했기에 현실에 근거하지 않은 환상의 존재나 비논리적인 생각에 영향을 받기도 합니다. 어떤 아이는 상상 속 도깨비나 귀신을 무서워하고, 어떤 아이는 어둠이 무서워서 불을 끄면 괴물이나 벌레가 나올까 봐 걱정합니다. 아무런 이유 없이 갑자기 전쟁이 나거나 외계인이 지구를 침공할까 봐 불안해하기도 하죠.

아이가 어른이 되기까지 세상에서 살아남으려면 부모의 도움이 꼭 필요합니다. 그렇기에 실제 부모와 헤어지는 상황은 아이에게 엄청난 위협으로 다가옵니다. 과거에 길을 잃었던 아이가 이후 부모 곁에서 떠나지 못하는 모습은 어찌 보면 당연한 일입니다. 부모가 어디 있는지 모른 채 혼자 있었던 그 순간이 아이에게는 죽느냐 사느냐 하는 생존에 대한 위협으로 느껴졌을 테니까요.

이처럼 예민한 아이는 예민한 어른과 공통 특성을 가지면서도, 덜 절제된 방식으로 감정을 표출하고 더 많은 상황에서 예민함을 느낍니다.

아마도 이 책을 읽고 있는 여러분은 앞서 이야기한 예민한 아이의 특징을 우리 아이가 다 가졌다고 생각하고, 아이가 너무 예민한 것은 아닌지 걱정하시겠죠.

아이가 예민하다고 느끼는 이유는 저마다 다를 수 있습니다. 걱정하는 이유도 다양할 것입니다. 하지만 확실한 사실은 여러분의 예민한 아이는 다른 아이보다 '수신 기능'이 발달했다는 점입니다.

뛰어난 수신 기능에 비해 잡음 제거 기능은 아직 완벽하지 않아서 아이가 종종 과도한 자극에 힘들어 할 수 있습니다. 그리고 그 힘든 마음을 투박하게 표출하기도 합니다. 덜 발달된 잡음 제거 기능과 투박한 표현법은 아이가 커가면서 점점 보완될 수 있습니다.

아이를 한번 바라보세요. 아이가 보이는 다양한 겉모습 안에 자리 잡은 예민함이 이제는 어떻게 보이나요?

아이가 작은 소리에도 쉽게 놀라서 우나요?

아니면 불 끄는 것을 무서워하고,

툭하면 귀신처럼 상상 속 존재가 무섭다고 하나요?

가만히 아이의 마음 상태를 헤아려 주세요.

왜 작은 자극에도 쉽게 압도당하는지

왜 상상 속 존재를 현실에 불러들여 무서워하는지

어른의 입장이 아닌 아이의 입장에서 생각해 보세요.

예민한 아이는
타고났을까?

소아정신과 전문의로서 "아이가 너무 예민한데 왜 그렇죠?"라는 부모의 질문을 자주 받습니다.

"아이가 예민한 게 타고난 건가요? 남편(혹은 아내)을 닮아서 그런 걸까요? 혹시라도 제가 잘못 키워서 그런 걸까요?"

참으로 대답하기 어려운 질문입니다. 타고났다고 하면 어찌할 도리가 없다는 생각에 부모 마음은 답답해질 테고, 양육 방식 때문에 그렇다고 하면 부모는 아이에게 미안해질 테니까요.

부모에게 물려받은 예민함

아이의 예민함이 타고난 거냐는 질문에 많은 학자는 그렇다고 대답합니다. 선천적으로 자극을 더 많이 받고 더 크게 반응하는 아이가 분명히 있다는 것이죠. 연구에 따르면 전체 인구의 15~20퍼센트가 이 특성을 갖는다고 합니다. 5명 중에 1명이니 생각보다 많은 것 같으면서 적은 것 같기도 하네요.

유전의 영향 정도를 보는 쌍둥이 연구에 따르면, 유전자를 100퍼센트 공유하는 일란성 쌍둥이는 50퍼센트만 공유하는 이란성 쌍둥이에 비해 비슷한 기질을 가지고 태어날 가능성이 높습니다. 심지어 어릴 때 다른 가정에 입양되어 성장한 일란성 쌍둥이는 자라온 환경이 달라도 비슷한 기질을 가질 확률이 높다고 합니다.

굳이 연구 결과를 말하지 않아도 우리 모두 예민함이 타고났다는 사실을 직관적으로 알고 있습니다. 어려서부터 통잠을 자는 아이가 있는 반면 작은 소리에도 쉽게 깨서 칭얼거리는 아이가 있으니까요. 한 뱃속에서 나왔어도 첫째 아이는 예민하지만 둘째는 무던할 수도 있습니다. 이처럼 아이마다 성향이 다르고, 그 특성은 타고났다는 사실을 우리 모두가 알고 있습니다.

실제로 부모가 예민하면 부모에게 유전자를 물려받은 아이도 예민할 가능성이 높습니다. "○○는 너 어렸을 때랑 똑같구나"라는 부모를 향한 조부모의 말이 단지 아이의 외모에만 적용되지는 않을 것입니다. 부모 성향의 많은 부분이 유전자를 통해 아이에게 전달된다는 점은 명확합니다.

그런데 예민함의 이유에는 선천적인 요인만 있는 것일까요?

물론 그렇지 않습니다. 예민함은 타고난 성향이지만 부모의 양육 방식, 아이가 자라는 환경에 따라 증폭되거나 감소하기도 합니다. '부모가 예민하면 아이도 예민할 가능성이 높다'라는 말에는 유전이라는 선천적 요인과 양육 방식이라는 환경 요인 모두가 작용한다는 것이죠.

예를 들어 부모가 항상 긴장하고 불안해하면, 아이도 긴장하고 불안할 수밖에 없습니다. 아이가 가볍게 엉덩방아만 찧어도 부모가 소스라치게 놀란다면, 아이는 부모의 예민한 반응을 보고 배웁니다. 혹시라도 아이에게 나쁜 일이 생길까 봐 아이를 혼자 두지 못한다면, 아이는 세상이 안전하기보다는 위험하다고 느낄지도 모릅니다. 합리적인 수준에서 안전을 추구하는 부모와 과도하게 불안해하는 부모에게서 아이는 완전히 다른 메세지를 전달받습니다.

부모가 아이를 몰아붙이거나 부모 마음대로 통제하려고 할 때도 아이의 예민함은 커집니다. 안 그래도 외부 자극을 크게 받아들여 쉽게 지치는 아이인데 감당하지 못할 압박까지 받으니 아이는 더 힘이 들겠죠.

지친 아이는 자신의 예민함을 조절하지 못합니다. 예민한 상황에서 짜증을 내거나 그 상황을 피하려고만 할 것입니다. 이런 아이의 모습에 부모가 더욱 강압적인 태도를 보이면 악순환은 시작됩니다.

예민한 아이가 하는 행동에 모두 간섭하면 아이는 예민함을 다루는 법을 익히지 못합니다. 아이가 직접 경험해야 세상이 생각보다 위험하지 않고 무섭지 않다는 걸 깨달을 수 있습니다. 스스로 겪어야 스스로 예민함을 조절합니다.

부모가 아이의 모든 행동에 참견하면 아이는 스스로 문제를 해결할 수 있다는 유능감과 자신감을 얻을 수 없습니다. 유능감과 자신감이 없는 아이는 낯선 세상으로 나갈 용기를 내지 못할 것입니다.

많은 연구에서 과도하게 간섭하는 부모의 태도는 아이의 높은 불안과 밀접하게 연관된다는 점을 밝혔습니다. 이때 아이 스스로 느끼는 유능감이 부모의 태도와 아이의 불안 사이에 연결 고리 역할을 한다고 합니다. 이를 '매개 효과(mediation effect)'라고 부릅니다. 결국, 부모의 과도한 개입은 아이의 유능감을 떨어뜨려서 아이의 불안을 높이는 결과를 낳을 뿐입니다.

예민함에 영향을 주는 또 다른 요인

억지로 아이의 성향을 바꾸려는 양육 태도, 예민함은 잘못되었다는 부모의 인식, 예민한 아이를 배척하는 환경 또한 아이를 위축되게 만듭니다. 아이를 향한 부정적인 시선과 평가는 아이를 더욱더 다른 사람의 눈치를 보게 하며 자존감을 떨어뜨리고 자신을 숨기게 합니다. 아이는 점점 움츠러들게 되겠죠.

그 외에도 예민함을 키우는 환경적인 요인으로는 친구에게 거절을 당하거나 괴롭힘을 당한 경험, 부족한 사회성으로 또래 관계를 맺기 어려움, 가족과의 이별, 전학, 폭력 노출 등의 스트레스 사건(stressful life events)이 있습니다.

실제 개에 물린 경험이 있는 사람이 그 이후로 개를 무서워하는 것처럼 부정적인 경험도 예민함을 커지게 합니다. 결국 타고난 아이 성향과 부모의 양육 방식, 환경 요인 등이 복합적으로 예민함에 영향을 미치는 것입니다. 유전과 환경 요인이 어떻게 예민함에 영향을 주는지 예를 들어 살펴봅시다.

타고난 성향으로 남에게 적극적으로 나서지 않고 혼자 놀기를 좋아하는 진수라는 아이가 있습니다. 진수는 조심성도 많아서 낯선 사람을 보면 부모 곁에 꼭 붙어 있는 아이입니다.

불안도가 높은 부모도 진수를 혼자 두길 꺼려 했습니다. 진수는 새로운 사람들과 만나고 이야기 나눌 기회가 많지 않았고, 부모에게서 세상은 위험한 곳이라는 메시지를 은연중에 전달받았습니다.

진수는 친구들에게 쉽게 다가가지 못하고 걱정이 많았습니다. 그런 진수를 보고 주변 친구는 진수를 놀리거나 진수와 같이 놀지 않으려 했습니다.

진수는 마음의 상처를 받고 점점 위축되었습니다. 친구들과 같이 있는 것을 피하다 보니 친구와 함께 있는 자리가 더욱더 낯설어지고 대인 관계에서 예민한 성향은 점점 커지게 되었습니다. 타고난 성향에 양육 방식, 친구 관계, 스트레스를 받는 사건이 겹치며 예민함이 증폭된 것이죠.

양육 태도와 양육 환경의 중요성

아이가 타고난 기질뿐 아니라 양육 방식, 환경 요인에 영향을 받는다는 사실은 부모의 양육 태도와 양육 환경이 조금만 변하면 예민한 아이라도 여유롭고 씩씩하게 자랄 수 있다는 것을 의미합니다.

부모가 조금만 덜 긴장한다면, 아이의 행동을 조금은 느긋하게 바라본다면, 아이에게 스스로 경험할 기회를 더 준다면, 아이는 타고난 예민함을 조절하고 불필요한 고통에서 자유로워질 수 있습니다.

아이의 기질을 인정하고, 아이가 특별하다는 메시지를 전달하며 아이를 격려해 주는 환경이라면 아이는 자신감을 갖고 세상 앞에 당당할 수 있습니다.

이렇게도 생각해 볼까요? 반려견의 종은 매우 다양한데 종에 따라 성격이 다릅니다. 비숑프리제는 명랑하고 활발하고, 레트리버는 온순하고 충직합니다. 이런 일반적인 성격은 개의 종에 따라 타고납니다. 종에 따라 사회성, 활동성, 예민성이 다른 것이죠.

하지만 같은 종의 개라도 자란 환경에 따라 성격은 또 각각 다릅니다. 같은 비숑프리제라도 더 순한 개가 있고 앙칼진 개도 있습니다. 같은 레트리버라고 해도 더 경계심이 많은 개도 있고 호기심이 많은 개가 있듯이요.

반려견의 보호자가 어떻게 교육하느냐에 따라 같은 종이라도 그 모습은 천차만별입니다. 물론 아이는 인격적, 도덕적인 존재로 반려견과는 분명히 다르지만, 유전과 환경이 성격에 어떻게 영향을 주는지를 설명하는데 이 예시가 도움이 되리라 생각합니다.

앞서 예민한 아이는 선천적으로 수신 기능이 발달했다고 말했습니다. 하지만 잡음 제거 기능과 조절 기능은 후천적으로 강화됩니다.

양육과 환경에 따라 예민한 아이는 수신 기능을 능숙하게 다루면서 긍정적으로 받아들이거나, 반대로 조절하지 못해 고통받기도 합니다. 거듭 이야기하지만 부모의 양육 태도와 성장 환경이 아이의 예민함에 영향을 미친다는 사실을 잊지 마세요.

예민함을 증폭시키는 요인은

첫째, 부모의 태도가 있습니다.

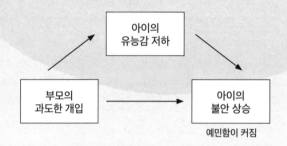

둘째, 스트레스 사건들이 있습니다.

또래 관계에 어려움을 겪거나

폭력에 노출되었을 때 예민함이 커집니다.

이러한 요소들을 관리해 아이가

편안한 상태를 유지하도록 도와주세요.

누구나
예민할 수 있다

예민한 성향을 가지고 태어난 사람만 예민한 것은 아닙니다. 누구나 때때로 예민해질 수 있습니다. '예민'의 반대말을 '둔감'이라고 한다면, 둔감한 특성을 가지고 태어나도 예민해질 때가 있죠.

예민함에 관한 제 이야기를 해 보겠습니다. 전문의가 되려면 인턴, 레지던트라는 과정을 밟아야 합니다. 제가 인턴일 때 저와 동료 의사들은 과중한 업무에 시달렸고 먹고 자는 시간도 충분하지 않았습니다. 침대에 누우려고 하면 병동에서 연락이 오고, 병동에 가서 일을 끝내고 돌아오는 도중에 또 연락이 왔습니다. 지금 생각해도 너무 힘든 시기였네요. 그때 저를 포함한 대부분의 인턴은 신경이 날카로웠습니다. 평소 무던한 동료도 그 기간 동안은 짜증을 많이 냈고 작은 소리에도 깜짝깜짝 놀랐습니다. 저 또한 저를 찾는 휴대폰 벨 소리에 하도 시달려서 노이로제에 걸릴 지경이었죠. 아직도 당시에 사용했던 휴대폰 벨 소리는 사용하지 않습니다.

일시적으로 증폭되기도 하는 예민함

이처럼 불편한 상황에서는 정도의 차이는 있지만 '누구나' 예민해집니다. 아이들도 마찬가지입니다. 잠을 못 잤거나 몸이 아플 때 아이는 더 칭얼거리고 예민해집니다.

새로운 어린이집이나 학교에 갈 때는 평소에 씩씩했던 아이도 괜히 배가 아프다며 가기 싫다고 하고, 쉽게 불안해하기도 합니다. 동생이 태어나면 첫째가 이전과 다르게 별것도 아닌 일에 짜증을 내고 다시 아기가 된 듯 퇴행하는 모습을 보이기도 합니다. 특히 아이에게 예상치 못한 일이 닥쳤을 때 예민한 성향이 증폭되고는 하죠.

한번은 초등학교 저학년 지우가 저를 찾아왔습니다. 갑자기 낯선 곳으로 이사를 가게 되었는데, 그 이후 지우가 학교 친구들에게 말도 하지 않고 짜증을 많이 내었습니다. 부모가 더 걱정했던 이유는 지우가 등교를 거부했고 사소한 일에도 불안해했기 때문입니다.

지우는 부모에게 나쁜 일이 일어나지는 않을까 걱정했습니다. 지우의 부모는 자신들을 걱정하며 매달리는 지우의 모습에 몹시 당황해했죠.

지우의 모습을 유심히 관찰하고 아이가 낯선 환경에서 예민함을 일시적으로 더 드러낼 수 있으니 조금만 기다리자고 부모를 일단 안심시켰습니다. 새로운 환경 적응에 도움이 될 만한 몇 가지 방법도 알려 주었습니다.

다행히도 시간이 지나면서 지우의 등교 거부는 줄었습니다. 지우는 친구들에게 조금씩 말도 건넸으며 마음의 안정을 되찾았습니다. 원래 낯을 가리고 쉽게 불편한 감정을 느끼는 지우였지만 갑자기 닥친 낯선 환경에서 예민함이 일시적으로 더 커진 탓이었겠죠.

일시적인 예민함과 타고난 예민함에는 차이가 있습니다만, 부모는 누구나 예민해질 수 있다는 사실을 기억해야 합니다. 그래야 때때로 아이가 좀 더 예민하더라도 느긋하게 바라볼 수 있습니다. 지금 보이는 예민한 모습이 절대 불변이 아니라는 사실에 부모는 불필요한 걱정을 덜 수 있으니까요. 또한 예민과 둔감, 비정상과 정상, 옳고 그름과 같은 흑백논리에서 벗어나는 데도 도움이 됩니다.

예민함이라는 틀에 아이를 가두지 않으려면

예민함과 둔감함을 명확하게 구분할 수는 없습니다. 사람이 항상 예민하거나 둔감하기만 한 것도 아니죠. 누구나 어느 정도는 예민하면서 둔감하고, 때때로 예민해지기도 하고 그렇지 않기도 합니다. 이 점을 잘 이해하면 '우리 아이는 모든 일에 너무 예민해', '우리 아이는 항상 천하태평이야'라는 경직된 사고에서 벗어나게 됩니다.

아이는 그날 컨디션에 따라 평온하기도 하고 짜증을 부리기도 합니다. 부모는 아이의 컨디션에 따라 유연한 태도를 보이되, 일시적인 모습에 너무 큰 의미를 둘 필요는 없습니다. '오늘은 좀 더 예민하니 잘 관찰해야지'라는 마음이면 충분합니다.

유연하면서 대범한 태도, 예민한 아이를 키우는 부모에게 꼭 필요한 자세입니다.

'예민함과 둔감'

'비정상과 정상'

'옳고 그름'

흑백논리에서 벗어나 아이를 있는 그대로 바라보세요.

누구나 때때로 예민해질 수 있습니다.

이 사실을 인지하면 내 아이를 조금은

여유로운 마음으로 바라볼 수 있습니다.

예민함을 부정적으로
바라보는 이유

예민한 사람은 외부와 내부 자극을 더 많이 받아 더 크게 반응하는 특성을 갖는다고 했습니다. 이 특성 자체를 좋거나 나쁘거나, 옳거나 그르다고 판단할 수 없습니다. 그런데 많은 사람은 '예민함'을 부정적인 특성으로 여깁니다. "넌 왜 그렇게 예민하니?"라는 말속에서 못마땅하고 불편한 마음이 은근히 드러납니다.

왜 '예민함'이란 특성이 부정적인 꼬리표를 달게 되었을까요? 그 이유는 예민함을 잘 다루지 못했을 때 나타나는 부정적인 결과 때문입니다.

예민해서 불행하다면

우선 예민함을 잘 조절하지 못하면 삶이 힘들고 고되게 느껴집니다. 작은 자극에도 크게 반응하니 쉽게 지칩니다. 작은 소리와 불빛으로도 잠에서 깨어 항상 피곤합니다. 다른 사람의 시선을 항상 신경 쓰다 보니 긴장을 풀 수 없습니다. 혹시라도 다른 사람에게 거절을 당하거나 비판을 받을까 봐 하고 싶은 말도 하지 못해 답답합니다. 남의 시선에 예민한 사람에게 잦은 모임은 고역입니다.

평가에 예민한 사람은 시험이나 발표를 앞두고 불안합니다. 혹시라도 준비가 덜 된 것은 아닌지, 실수하지는 않을지, 남에게 웃음거리가 되지는 않을지, 이런저런 생각이 끊이지 않습니다.

예민함을 잘 다루지 못한 사람은 남을 힘들게 하기도 합니다. 자신만의 정해진 규칙을 꼭 지켜야 하는 사람은 융통성이 없고 고집스러워 보입니다. 원하는 대로 일이 되지 않으면 좌절감을 크게 느껴 쉽게 짜증을 내기도 합니다. 융통성이 없고 고집스러우며 쉽게 짜증을 내는 모습에 주변 사람들에게 부정적인 평가를 받습니다.

예민함을 통제하지 못한 사람은 일에서 뒤처지기도 합니다. 완벽주의 성향이 너무 강한 사람은 일을 제때 해내기가 어렵습니다. 때로는 완벽하지 못할 상황을 처음부터 피해서 많은 기회를 잃게 됩니다.

감각이 매우 예민한 사람은 작은 소리와 온도 변화에도 집중력이 쉽게 흐트러집니다. 옆으로 사람이 지나갈 때마다 일의 흐름이 끊깁니다. 또한 예민한 신체 감각과 요동치는 기분에 컨디션 조절이 어려워서 잦은 조퇴와 지각을 하기도 합니다.

일부 예민한 사람은 예민해서 불행해하기도 합니다. '난 왜 그럴까?', '왜 나만 유별날까?'라고 자책합니다. 현재와 미래가 아닌 과거에 집착하면서 자신이 실수했거나, 혹시나 실수했을지도 모르는 일을 계속 떠올립니다. 자책과 후회로 우울과 불안을 느끼며 자존감은 점점 떨어집니다. 부정적인 감정을 피하고 긴장을 풀기 위해 술과 담배에 빠지기도 합니다.

핵심은 조절하는 능력

예민함을 잘 조절하고 관리하지 못하면, 자신과 주변 사람 모두가 힘들어집니다. 여기서 우리가 꼭 알아야 하는 사실이 있습니다. 그것은 앞서 살펴본 어려움이 예민함 그 자체 때문이 아니라 예민함을 잘 다루지 못하여 발생한 문제라는 점입니다.

많은 사람이 예민함의 부정적인 결과를 예민함의 고유한 특성으로 오해합니다. 그렇기에 예민함 자체를 부정적으로 바라봅니다. 하지만 예민함 자체와 예민함을 잘 조절하지 못해 생긴 부정적인 결과는 별개입니다.

예민함 자체는 좋고 나쁜 것이 아닙니다. 예민함을 잘 조절하면 부정적인 결과가 아닌 긍정적인 결과를 낳습니다. 예민함이란 받아들이는 자극과 그것에 대한 반응이 크다는 특성을 말하는 것이지, 좋고 나쁨, 옳고 그름, 정상과 비정상의 기준으로 판단할 수 없다는 점을 다시 한번 기억하길 바랍니다.

예민함을 잘 조절하고 관리하지 못할 때,
자신과 주변 사람 모두가 힘들어집니다.

반대로 잘 조절하고 관리하면,
긍정적인 결과를 낳을 수 있습니다.

부모도 자신의 마음을
살펴야 한다

　예민한 아이를 바라보는 부모의 마음은 복잡합니다. 쉽게 울고 보
채고, 특정 음식이나 향을 고집하거나 거부하고, 사소한 일에도 걱정
하고, 주변 사람들 눈치를 보면서 긴장하고, 화장실에서 물 내리는
것도 무서워하며, 원하는 방식대로만 신발 끈을 묶어야 하는 아이를
보며 부모는 갖가지 생각과 감정을 마주합니다.

　많은 부모는 예민한 아이를 키우기가 특별히 까다롭다고 느낍니
다. 먹이고 재우고 입히는 것부터 힘들어 합니다. 아이가 입이 짧고
자주 깨고 조금만 불편해도 참질 못하니 부모는 지칩니다. 특히 무던

한 형제자매와 비교하면, 예민한 아이를 키우는 데 얼마나 많은 에너지가 쓰이는지 확연하게 드러나죠.

지친 부모의 흔들리는 양육 태도

때때로 아이에게 미운 감정이 들기도 합니다. 부모를 이렇게 지치게 하다니, 아무리 사랑스러운 아이라도 얄밉습니다. '아이가 일부러 그러나?', '날 싫어해서 저러나?'라는 생각이 들면 화가 납니다. 그래서 간혹 아이를 매섭게 바라보기도 하고 목소리를 높이기도 하죠.

하지만 이내 부모는 아이에게 미안한 감정을 느낍니다. 그리고 화낸 자신에게 실망합니다. '혹시 내가 아이를 잘못 키워서 그런 건 아닐까?', '내가 부모로서 자질이 부족한 건 아닐까?'라는 자책에 아이를 향한 미안한 마음은 더욱 커집니다.

그래서 어떤 부모는 자신의 무능력을 탓하며 양육에 대한 의욕을 잃습니다. 변하지 않는 아이의 모습에 실망해서 무력감을 느끼기도 합니다. 한편 어떤 부모는 예민한 아이를 어떻게든 바꾸려고 아이와 전쟁을 치르기도 합니다. 덜 예민한 아이로 만들려고 강압적인 태도를 취하기도 합니다.

부모의 생각과 감정이 실제 양육에 영향을 준다는 사실은 여러 연구에서 입증되었습니다. 부모가 부정적인 기분을 느끼거나 과도한 양육 스트레스가 있을 때는 짜증스러운 반응을 아이에게 보일 가능성이 높습니다. 반대로 부모 마음이 편안하다면 아이에게 좀 더 따뜻하고 긍정적인 태도를 보이게 됩니다.

좋은 부모가 되려면 부정적인 생각과 감정이 아예 들지 않도록 해야 할까요? 부정적인 마음이 든다면 나쁜 부모가 되는 걸까요?

그렇지 않습니다. 누구도 자신의 마음을 완전히 통제할 수 없습니다. 부모도 때때로 힘들고 지치며, 아이에게서 미운 감정을 느끼기도 하고, 부모로서 불충분하다는 생각에 괴롭기도 합니다. 힘들고 지친다고 해서 못된 부모가 되는 것은 아니며, 아이에게서 미운 감정을 느꼈다고 해서 나쁜 부모가 되는 것도 아닙니다.

잠시 아이를 사랑스러운 눈으로 바라보지 못해도 괜찮습니다. 아이에게 부정적인 감정이 든다고 이상하거나 잘못된 것은 아닙니다. 다만, 좋은 부모는 자신의 마음 상태에 따라 아이를 평소와 다르게 대하는지를 확인합니다.

내 불편한 마음을 알아차리고 아이에게 짜증을 내거나 아이를 몰아붙이는 행동만 줄일 수 있으면 충분합니다. 어제보다 오늘, 오늘보다 내일, 조금씩 줄여 나가면 됩니다. 그러려면 우선 부모가 자신의 마음을 잘 들여다볼 수 있어야겠죠. 내 마음이 어떤지 알면 그 마음에서 비롯된 행동도 파악할 수 있을 테니까요.

부모가 자신의 마음 상태를 살펴보는 데 도움이 되는 한 가지 팁이 있습니다. 바로 부모가 느끼는 감정이 옳은지 그른지를 따지기보다 부모와 아이의 성향 차이가 부모의 감정에 어떻게 영향을 주는지를 생각해 보아야 한다는 사실입니다.

관계를 객관적으로 바라보는 연습

부모와 아이의 성향이 크게 다르면 서로를 이해하지 못할 때가 많습니다. 독립적인 성향의 부모는 부모 곁에서 떨어지지 못하는 아이를 보면 답답합니다. 방이 지저분해도 그다지 신경 쓰지 않는 부모는 물건이 제자리에 꼭 있어야 하는 아이를 보며 유별나다고 느낍니다. 사람들과 어울리기를 좋아하는 부모는 다른 사람들의 눈치를 살피며 긴장하는 아이가 못마땅할 수도 있습니다.

반대로 부모와 아이 성향이 무척 비슷하다면 불안과 긴장감이 배가 되기도 합니다. 아이가 조금이라도 위험한 상황에 놓이지 않도록 아이를 지나치게 보호하게 됩니다. 부모 자신이 겪은 힘든 상황을 아이가 겪지 않도록 모든 상황을 통제하려고 할지도 모릅니다. 예민함으로 크게 고통받았던 부모라면 자신과 비슷한 아이 모습에 걱정이 앞서기도 하죠.

이런 부모 자식의 관계 패턴은 둘 사이의 기질 차에 따라 자연스럽게 형성됩니다. 부모가 특별히 무언가를 잘못해서 기질이 다른 아이를 더 이해하지 못하는 것은 아닙니다. 부모가 아이를 덜 사랑해서도 물론 아닙니다. 부모 자신도 모르게 아이를 보고 답답해하거나 불안해하는 마음이 생기고, 그 감정에 따른 일정한 행동 '패턴'이 나타나게 됩니다.

자연스럽게 형성되는 부모 자식 관계 패턴을 이해하기 위해서는 약간의 노력이 필요합니다. 바로 제삼자의 입장에서 아이와 나를 바라보는 연습입니다.

부모는 아이와 자신의 모습을 객관적으로 바라보고 혹시라도 기질 차이에서 비롯된 감정과 행동 패턴에 빠져 있지 않은지를 살펴보아야 합니다. 부모 자식의 기질을 비교해 보고 혹시나 자신도 모르게 아이를 대할 때 획일화된 표현 방식이 있는지를 확인합니다. 그렇게 그 패턴을 객관적으로 바라볼 수 있다면 적어도 '한쪽에만 치우친' 감

정과 지나치게 보호하거나 내버려 두는 '극단적인' 행동에서 벗어날
수 있습니다.

자, 이제 아이를 한번 바라봅시다. 아이를 볼 때 어떤 마음이 드나
요? 아이 성향이 자신과 비슷한가요, 아니면 아주 다르다고 느끼나
요? 아이 모습을 받아들이기가 쉽나요, 아니면 어려운가요? 혹시라
도 아이가 자신의 어린 모습 같아서 더 안쓰럽게 느끼지는 않나요?
　부모 스스로 자신의 마음을 잘 관찰하는 자세, 이것도 예민한 아이
를 둔 부모에게 꼭 필요한 태도입니다.

부모는 자신의 마음 상태를 살펴보고,

마음 상태에 따라 아이를 대하는 태도가 좌지우지되지 않도록

자기 객관화가 필요합니다.

부모가 자신의 마음 상태를 살펴볼 때

부모가 느끼는 감정이 옳은지 그른지를 따지기보다

부모와 아이의 성향 차이가

그 감정에 어떻게 영향을 주는지를 생각해 보세요.

정말 걱정해야 할 것은 예민함이 아니다

　예민한 아이가 보이는 다양한 모습에 부모는 걱정이 이만저만이 아닙니다. 아이마다 모습이 다르고, 부모마다 걱정거리도 다릅니다. 하지만 부모가 아이를 걱정하는 이유는 매한가지입니다. 아이가 잘 되기를 바라는 공통된 마음 때문에 많은 부모가 속을 태우는 것이죠.

　부모는 예민한 아이가 능력이 부족할까 봐 걱정합니다. 특히 또래와 비교되는 상황에서 걱정은 더 커집니다. 참관 수업에서 내 아이만 집중하지 못하거나, 선생님의 질문에 다른 아이들은 손을 들고 '저요'라고 하는데 내 아이는 자신없는 모습으로 앉아 있으면 속상합니다.

부모는 예민한 아이가 손해를 볼까 봐 걱정합니다. 예민한 아이는 다른 사람의 시선 때문에 자기주장을 내세우기 어려워하고, 친구의 부담스러운 부탁에도 거절하지 못합니다. 부모는 험한 세상에서 '자기 밥그릇은 자기가 챙겨야 하는데'라는 생각에 걱정이 앞섭니다.

또 예민한 아이가 친구들과 잘 지내지 못할까 걱정합니다. 자신만의 방식을 지켜야 하는 아이는 그 방식이 지켜지지 않았을 때 괴로워하고 화를 내기도 합니다. 남들 눈에는 아이가 고집스럽고 독단적으로 보일지도 모릅니다.

제가 만나본 많은 부모가 예민한 아이를 걱정하는 가장 큰 이유는 '내 아이가 행복하지 않으면 어쩌지?'라는 두려움 때문이었습니다. '아이가 커서 학교와 직장에 잘 적응할 수 있을까?', '이 힘든 세상을 잘 헤쳐나갈 수 있을까?'라는 생각 이면에는 행복하지 않은 아이의 모습이 그려져 있습니다. 우울하고 자신감 없는, 사회에서 고립된 아이의 불행한 모습을 그릴 때, 부모의 걱정은 커져 갑니다.

부모가 진짜로 걱정해야 하는 대상

다시 강조하지만 대부분의 부모가 걱정하는 것은 아이의 '예민함으로 인한 부정적인 결과'이지 '예민함 자체'가 아닙니다. 예민함을 잘 조절하지 못했을 때 아이가 겪어야 할 어려움인 것이죠. 그리고 그 어려움 속에서 아이가 행복하지 못할까 봐 부모는 두렵습니다.

다행히도 예민함의 결과는 양육과 환경에 따라 달라집니다. 양육 방식과 주변 환경을 어떻게 만드느냐에 따라 타고난 예민함은 조절이 가능합니다. 예민함을 조절하느냐 아니냐에 따라 그 결과는 긍정적이거나 부정적이기도 합니다.

다만, 부모가 할 일은 아이가 예민함을 잘 다루도록 도와주는 일입니다. 자신의 예민함을 받아들이고 잘 다룬다면 아이는 누구 못지않게 행복할 수 있습니다.

그러니 아이가 예민하다고 너무 걱정하지 마세요. 예민한 아이도 당당하고 자신감 있게 살아갈 수 있습니다. 더구나 예민함은 내 아이만이 가진 특별한 능력입니다. 예민함의 특별한 장점은 다음 장에서 좀 더 알아보겠습니다.

예민함은 부모의 태도와 환경에 따라 달라집니다.

부모는 아이가 예민함을 잘 다룰 수 있도록 도와주면 됩니다.

타고난 특성을 잘 사용할 수 있도록 그 방법을 알려 주면 됩니다.

자신의 예민함을 받아들이고 잘 다룰 수 있다면

아이는 누구 못지않게 행복할 수 있습니다.

[이건 꼭 알아 두면 좋아요]

발달 과정에서 정상적으로 나타나는 불안과 두려움

예민한 아이는 쉽게 불안해하고 무서워합니다. 하지만 그런 모습이 나타났다고 해서 꼭 문제가 되지는 않습니다. 아이가 자라면서 특정 상황에서 불안해하고 무엇인가를 무서워하는 것은 자연스러운 현상입니다.

다만 아이가 무엇을 불안해하고 무서워하는지를 살펴볼 필요는 있습니다. 아이가 불안해하고 무서워한다는 사실보다 그 불안과 무서움의 대상이 그 나이에 일반적으로 나타나는 것인지 아닌지를 판단하는 것이 더 중요하기 때문이죠.

불안과 무서움의 대상은 나이에 따라 변합니다. 이를 예민함의 특성('자극을 많이 받고 반응을 크게 한다')으로 설명하자면 연령별로 아이에게 자극을 특히 많이 주는 대상이 다르다고 말할 수 있습니다.

실제로 '아이가 불안해해요'라는 이유로 저를 찾아온 부모에게 가장 먼저 하는 질문은 '몇 개월 아이인가요?'입니다. 아이의 모습을 이해하려면 아이가 어느 발달 과정에 있는지를 먼저 알아야 한다는 뜻이겠죠. 만약 그 나이에 나타날 수 있는 모습이라면 여유 있게 기다릴 수 있고, 나이에 맞지 않는다면 좀 더 면밀히 살펴봐야 합니다.

정상 발달 과정에서 연령별로 아이가 무엇을 무서워하고 불안해할지를 부모가 미리 안다면 불필요한 걱정을 줄일 수 있습니다. 반대로 도움이 꼭 필요한 아이에게는 그 시기를 놓치지 않고 적절하게 도움을 줄 수 있습니다.

출생 후 12개월 미만의 영아는 자신을 깜짝 놀라게 하는 상황이 두렵습니다. 큰 소리가 나거나 갑자기 떨어지는 느낌이 들면 본능적으로 움츠러듭니다. 생존에 직접 위협을 느끼는 상황에서 아기는 놀랍니다. 생존 본능에 충실한 아기가 이런 상황에서 예민해지는 것은 당연해 보입니다.

6~8개월 이후 아이는 엄마 또는 아빠가 없는 상황에서 불안해합니다. 부모의 존재가 아이 생존에 필수인 시기이므로 부모가 없으면 아이가 불안해합니다. 이를 분리 불안(separation anxiety)이라고 부르죠. 분리 불안은 14~18개월에 가장 심하다가 서서히 줄어들어 3~5세 정도가 된 아이 대부분은 크게 불안해하지 않습니다. 참고로 왜 6~8개월 이전에는 분리 불안이 없을까요? 그 이유는 비로소 이 시기에서야 아이가 부모와 부모가 아닌 타인을 구분하는 능력을 얻기 때문입니다. 엄마 혹은 아빠를 유일무이한 존재로 인식하기에 그 대상이 없으면 울고 보채는 것입니다.

이제 12개월부터 36개월 혹은 48개월까지 아이를 살펴보겠습니다. 이 시기는 아이가 스스로 걷는다고 해서 '걸음마기'라고 부릅니다. 걸음마기 아이는 어둠과 상상 속 괴물을 무서워합니다. 어둠 속에서 괴물이 나타날까 봐 혼자 잠들기를 거부하고 부모를 찾습니다. 때론 졸음을 싸워가며 어떻게든 깨 있으려 하죠. 어둠과 괴물을 무서워하는 모습은 대개 초등학교 가기 전후로 서서히 사라집니다.

5, 6살 아이는 신체적으로 위협을 받는 상황을 특히 신경 씁니다. 자신이 다치거나 간혹 누군가에게 납치당하지 않을지 걱정합니다. 그리고 번개, 천둥, 홍수 등의 자연 현상을 무서워하죠. 이전에는 모호하고 비현실적인 대상(어둠, 괴물)을 두려워했다면 이제는 좀 더 현실적이고 구체적인 대상(부상, 자연 현상)을 무서워합니다. 아이의 인지 발달에 따라 자연스러운 변화입니다.

그 이후는 좀 더 사회적 상황에 초점이 맞춰져 있습니다. 초등학생 아이는 학교 성적, 친구 사이에서의 인기, 운동 능력을 신경 씁니다. 또래보다 더 잘하고 싶어 하고 주변 사람에게 인정과 칭찬을 받고 싶어 합니다. 청소년에게는 또래 관계에서 자신의 역할이 무엇인지, 다른 사람이 자신을 어떻게 바라보는지가 중요합니다. 자신이 한 말과 행동이 친구에게 어떤 영향을 줄지 걱정하고 외모에 신경을 쓰는 것이 자연스러운 시기입니다.

정리하자면 연령에 따라 아이가 걱정하고 두려워하는 상황, 즉, 예민함의 대상이 바뀝니다. 그 흐름은 자신의 생존과 관련된 상황에서 사회적인 상황으로, 모호하고 비현실적인 것에서 구체적이고 현실적인 것으로 변합니다. 아이의 이런 변화는 정상 발달 과정에 속한다는 점을 꼭 기억하세요.

예민한 아이 부모를 위한 마음공부

하나

✔ 다음과 같은 기준으로 아이의 예민한 기질을 파악합니다.
- 먹고 자고 대소변 보는 리듬의 규칙성
- 주의집중력 혹은 산만한 정도
- 자극에 대한 예민성
- 주된 기분 상태 등

✔ '예민함'이란 자극을 더 많이 받고, 자극에 더 크게 반응한다는
특징일 뿐 좋고 나쁨, 옳고 그름으로 판단할 수 없습니다.

✔ 예민한 아이는 어른보다 덜 절제된 방식으로 감정을 표출하고
더 많은 상황에서 예민함을 느낀다는 사실을 기억하세요.

✔ 아이가 지닌 기질은 오롯이 존중하면서 예민함을 다룰 수 있게
도와주세요.

✔ 예민함을 잘 다루는 아이는 누구 못지않게 자신감 있고
행복하게 자랄 수 있습니다.

2장

예민한 아이, 무엇이 특별할까?

一 많은 부모가 이 책을 읽고 예민한 아이를 키우는 데 실질적인 도움을 얻기를 원할 것입니다. 구체적인 양육법이 이 책에도 포함되어 있지만, 양육법을 효과적으로 활용하려면 아이를 바라보는 부모의 긍정적인 시선이 반드시 전제되어야 합니다.

부모에게 예민한 아이의 모습이 부정적으로만 다가온다면 어떤 조언과 해결책도 소용이 없습니다. 감정은 바이러스처럼 주변 사람에게 퍼집니다. 이 현상을 두고 '감정에 전염성이 있다'고 말하지요. 아이를 향한 부모의 무거운 마음도 마찬가지입니다. 아이를 볼 때마다 걱정스러워 마음이 답답하다면 감정이 은연중에 아이에게 전달되기 때문에 어떤 양육법을 써도 아이가 편안해지기는 어렵습니다.

부모가 아이를 긍정적으로 바라볼 때 아이는 힘과 용기를 얻습니다. 겉으로 보이는 말과 행동보다 부모의 편안한 마음이 아이에게 더 큰 영향을 미칩니다.

예민한 자녀를 둔 부모가 먼저 아이를 새롭게 바라볼 수 있어야 합니다. 예민한 아이만이 가진 장점을 바라보세요. 그러면 걱정과 불안이 아닌 설렘과 자랑스러움을 느낄 수 있습니다. 이 장을 읽고 아이의 예민함이 주는 독특한 보물을 찾을 수 있길 바랍니다.

예민한 아이,
그래도 괜찮다

예민한 아이를 잘 키우려면 무엇이 가장 중요할까요?

예민한 아이를 키우는 구체적인 방법이나 아이에게 맞는 양육법을 찾아 실행하는 것도 중요하지만 무엇보다 우선되어야 할 것은 예민함을 긍정적으로 바라보는 '부모의 태도'입니다.

많은 부모는 예민한 아이의 모습을 보고 아이가 유별나거나 독특하다고 생각합니다. 만약 부모가 그 모습을 부정적으로 본다면, 아이는 더할 나위 없이 참을성 없고 까탈스러운 사람이 됩니다.

반면 아이의 모습을 긍정적으로 바라본다면, 아이가 창의적이고 특별하다고 생각할 수도 있겠죠.

그런데 많은 부모가 '예민함을 나쁘다'라고 생각합니다. 그 이유는 앞서 설명했듯 예민함 자체와 예민함의 부정적인 결과를 혼동하기 때문입니다.

예민함의 부정적인 결과는 예민함을 조절하지 못하는 아이에게서 발견됩니다. 이 아이는 자주 불안감에 휩싸이고, 원하는 대로 되지 않으면 짜증을 내고 간혹 홧김에 물건을 던지기도 합니다. 고집불통에 욕심만 많은 아이로 보이기도 합니다. 이런 모습을 보고 부모는 예민한 아이의 특성을 나쁜 것으로 여깁니다.

하지만 예민한 아이 모두가 그렇지는 않습니다. 예민함을 잘 조절하는 아이는 차분하고 신중합니다. 꼼꼼하고 성실하기도 하죠. 오히려 참을성이 강하고 끈기가 있는 아이가 훨씬 많습니다. 또한 남의 말을 귀담아듣고 남을 배려합니다.

예민함을 새롭게 보는 시선

만약 예민함이 나쁘다고 하면 둔감함은 좋은 걸까요? 둔감함을 넘어 눈치가 없고 분위기 파악도 못 하는 사람이라면요? 최악의 결과만을 떠올리며 전전긍긍하는 모습이 이상적이지는 않지만, 아무런 대책 없이 느긋하기만 한 것도 바람직하지는 않습니다. 예민하든 둔감하든 극단적인 모습은 언제나 부정적입니다. 극단적인 모습만 피할 수 있다면, 타고난 성향을 상황에 맞게 적절히 조절할 수 있다면 예민하거나 둔감한 특성은 그 자체로 큰 문제가 되지 않습니다.

예민함은 나쁘지 않고 틀린 것도 아닙니다. 조금 다를 뿐입니다. 피부색이 검다고 나쁘지 않고 하얗다고 틀리지 않듯 자극을 많이 받고 크게 반응하는 특성을 가진 예민한 아이는 다른 사람에 비해 수신 기능이 좀 더 발달한 것뿐입니다.

물론 예민한 아이는 좀 더 쉽게 지치고 긴장할 수 있습니다. 사소한 일에도 신경을 씁니다. 아이가 힘들어하는 모습에 부모는 안타까운 마음에 예민함을 나쁘게 생각했을 수도 있겠네요. 그 심정은 충분히 이해하지만 예민함 그 자체가 나쁜 것은 아닙니다.

테니스 라켓을 예로 들어 보죠. 초보자용 라켓은 적당히 공을 맞혀도 원하는 방향으로 쉽게 공을 보낸다는 장점이 있습니다. 하지만 이 라켓으로 아주 정확하고 강하게 공을 치기는 어렵습니다.

반대로 선수용 라켓으로는 공을 제대로 맞히긴 어렵지만 더 강하고 정확하게 상대방에게 보낼 수 있습니다. 여기서 예민한 선수용 라켓 자체가 더 좋거나 나쁜 것은 아닙니다. 다만 선수용 라켓을 잘 다루려면 연습과 노력이 좀 더 필요할 뿐이죠.

부모는 예민함이 좋고 나쁜지를 따질 것이 아니라 아이에게 예민함을 다루는 방법을 알려 주면 됩니다. 예민하지 않은 아이에 비해 조금 더 연습이 필요할 수는 있습니다. 하지만 아이의 예민함을 소중히 가꾸어 나가면 아이는 남이 부러워할 능력자가 됩니다. 선수용 라켓을 든 로저 페더러(Roger Federer)나 나달(Rafael Nadal)처럼요.

예민한 아이는 예민함에 대한 편견으로 억울하게 오해를 받았습니다. 예민함은 수신 기능이 발달했다는 하나의 특성일 뿐 예민함을 잘 사용하면 특별한 재능이 됩니다. 그러니 여러분의 아이가 가진 예민함을 특별한 선물로 바라볼 수 있길 바랍니다.

예민함은 나쁘지 않습니다. 틀린 것도 아닙니다.

다만 조금 다를 뿐입니다.

아직도 내 아이가 유별나거나 독특하다고만 생각하나요?

내 아이만이 가진 재능은 무엇일까요?

예민한 아이는
공감 능력이 좋다

예민한 아이는 관찰력이 좋습니다. 실제로 제가 외래에서 만나는 많은 예민한 아이는 부모가 저에게 무슨 말을 하는지, 그때 부모 표정은 어떤지 유심히 관찰합니다.

부모 뒤에 숨어서 제 눈을 피하는 아이도 혹시나 자기 이야기를 하지 않는지 귀는 쫑긋 세우며 주의를 기울입니다. 안 듣는 척하지만 다 듣고 있죠.

어떤 부모는 저에게 "아이가 눈치가 없어서 걱정이에요"라고 말하기도 합니다. 주변에 사람이 있어도 짜증을 내거나 고집을 부리는 모습을 보고 그렇게 생각한 것 같습니다.

하지만 대개 그 반대입니다. 오히려 주변 눈치를 너무 많이 봐서 아이는 말하고 싶어도 말하지 못할 때가 많습니다. 만약 아이가 다른 사람들 앞에서 짜증을 냈다면, 상대방이 불편해할 것을 '알면서도' 예민함을 조절하지 못해 발생한 불편한 감정을 '어쩔 수 없이' 표현했을 가능성이 큽니다. '눈치를 많이 보는 아이인데도 얼마나 힘들었으면 사람들 앞에서 그랬을까?'라는 생각의 전환이 필요합니다.

예민한 아이는 배려심이 깊습니다. 관찰력이 좋은 아이는 상대방의 기분 변화를 빠르게 알아차리기 때문에 다른 사람의 기분, 생각, 기대에 민감하게 반응합니다.

상대방이 기대하는 바를 직관적으로 알아차려 상대방이 만족하도록 눈치껏 행동합니다. 그래서 어른스럽고 예의 바르며 배려심이 많은 아이라는 이야기를 듣습니다. 특히 부모의 기대에 부응하려고 '알아서 잘하는 아이'가 되기도 합니다. 상대방의 기분이 상하지 않도록 조심스럽게 행동하기도 하죠. 자신의 행동이 혹시라도 남에게 피해를 주지 않는지까지 걱정합니다.

예민한 아이는 '공감 능력'이 좋습니다. 공감 능력이란 상대방의 기분과 생각을 이해하고 함께 느끼는 힘을 말합니다. 이는 자신과 다른 사람을 연결해 주는 능력입니다. 공감 능력으로 사람들과 사랑, 유대감을 느끼고 서로 돕고 의지합니다. 인간은 혼자 살아갈 수 없는 사회적 동물이기에 세상과 나를 연결하는 공감 능력은 필수입니다.

공감하려면 우선 다른 사람에게 관심을 두고 사람을 잘 관찰해야 합니다. 다른 사람에게 관심이 없고 사람을 바라보지 않으면 공감할 수 없습니다. 그런데 예민한 아이는 다른 사람의 미세한 표정, 몸짓 변화를 쉽게 알아차립니다. 발달한 수신 기능으로 미묘한 분위기 변화도 민첩하게 파악합니다.

그렇게 상대방의 마음을 이해했다면 적절하게 반응해야 합니다. 예민한 아이가 상대방의 요구를 직관적으로 알아차려 배려하는 태도를 보인다고 했죠? 이처럼 다른 사람에게 더욱 관심을 두고 민감하게 반응하기에 예민한 아이는 공감 능력이 좋을 수밖에 없습니다.

공감 능력이 좋은 사람의 강점

공감 능력이 좋은 아이는 커서 사람들의 관심사나 감정을 빠르게 파악해야 하는 일에서 두각을 나타냅니다. 공감 능력이 뛰어나면 사람들이 무엇을 원하는지를 즉시 알아차리기 때문에 남보다 먼저 트렌드를 파악해 물건을 팔거나 소비자의 욕구에 맞는 서비스를 제공하는 일을 잘할 수 있습니다. 마음을 울리는 글, 다른 사람이 읽고 싶어 하는 글을 쓰는 작가에게도 공감 능력은 필요조건일 것입니다.

다른 사람의 감정을 읽고 공감하는 능력은 훌륭한 상담사나 정신과 의사에게도 꼭 필요한 자질입니다. 상담사나 정신과 의사는 내담자의 감정과 표정 변화를 예민하게 파악할 수 있어야 합니다.

상담하면서 치료자 자신이 느끼는 감정을 거울 삼아 내담자(상담을 받으러 온 사람)를 더욱더 깊이 이해해야 합니다. 예민함이란 도구를 이용해 내담자의 마음을 읽는 것이죠.

내담자와 자신의 마음을 섬세하게 읽을 수 없다면 좋은 상담사나 정신과 의사가 되기는 어렵습니다. 실제로 제 주변 정신과 동료 의사 대부분에게 정도의 차이는 있으나 예민한 면이 있는 것 같군요.

혹시라도 여러분의 아이가 남의 눈치를 많이 본다면, 소심해 보이는 아이의 겉모습에 속상해하기보다는 아이의 잠재력에 기뻐해 주세요. 주위를 잘 관찰하는 만큼 공감 능력도 발달합니다. 공감 능력이 발달한 만큼 사회에서 존중받고 남을 존중할 수 있습니다.

내 아이만의 독특한 능력을 알아봐 주는 시선에서부터 아이를 향한 부모의 존중이 시작됩니다.

예민한 아이는 관찰력이 좋습니다.
예민한 아이는 다른 사람의 기분, 생각, 기대에
민감하게 반응할 수 있습니다.
그래서 예민한 아이는 공감 능력이 좋습니다.

여러분의 아이가 남의 눈치를 많이 본다면,
소심해 보이는 아이의 겉모습에 속상해하기보다는
아이의 잠재력에 기뻐해 주세요.

예민한 아이는
오감이 발달했다

예민한 감각을 지닌 아이는 외부 자극을 민감하게 느끼고 세밀하게 파악합니다.

새소리, 바람 소리에서도 다른 사람이 듣지 못하는 것을 들을 수 있습니다. 미세한 소리의 변화를 찾아내고 음의 높낮이를 구분해 곡을 만들기도 합니다. 같은 색을 보더라도 예민한 감각을 지닌 아이는 더 다양한 색으로 받아들입니다. 또한 음식의 맛과 향, 식감을 민감하게 느낍니다. 채소를 싫어 하는 예민한 아이에게 몸에 좋은 채소를 잘게 갈아서 음식에 넣어도 귀신같이 찾아냅니다.

다른 아이들은 세상을 일반 모니터로 본다면 예민한 아이는 초고해상도 모니터로 보는 것과 같습니다. 소리도 일반 음질이 아닌 고음질로 듣습니다. 여러분도 새로 나온 핸드폰으로 영상을 봤을 때, 또렷한 이미지와 풍부한 음질에 놀랄 때가 있을 것입니다. 같은 동영상을 보더라도 그 감동은 배가 됩니다. 예민한 아이는 이 세상을 그렇게 느끼고 경험합니다.

그렇기에 예민한 아이는 작은 것에도 더 행복하고 감사할 수 있습니다. 작은 새소리, 물 흐르는 소리에서도 아름다움을 느끼고 기뻐합니다. 바람에 실린 아카시아꽃 향기를 즐길 줄도 알고 따사로운 봄볕을 쬐며 행복해합니다. 밤하늘에 반짝이는 수많은 별, 서쪽 하늘에 붉게 물든 노을을 보며 감탄하기도 하죠. 다른 사람에게는 평범하게 느껴지는 것에서도 예술적인 경험을 합니다.

예술적 재능을 보이는 아이

오감이 예민한 사람은 특정 영역에서 두각을 나타내기도 합니다. 시각에 예민한 사람은 물건의 모양, 배치, 색상 구분을 민감하게 파악해 디자인, 인테리어, 건축, 미술 감정 평가 등의 영역에서 재능을 보입니다. 청각에 예민한 사람은 음악을 만들거나 소리를 구분하고 새로운 소리를 만드는 일에 뛰어납니다. 영화를 실감 나게 만들기 위해 대사와 음악을 제외한 모든 효과음을 만들어 내는 사람을 폴리 아티스트(foley artist)라고 하는데, 이들은 청각에 극도로 민감하겠죠. 마찬가지로 후각이나 미각에 예민한 사람은 뛰어난 요리사나 소믈리에가 될 수 있고, 촉각에 예민한 사람은 안마사, 물리치료사로서뿐만 아니라 옷, 가죽, 화장품 등을 만들 때도 그 능력을 인정받습니다.

예민한 아이는 외부 자극뿐만 아니라 내부 자극에도 민감합니다. 때때로 자신만의 생각에 깊이 빠지기 일쑤입니다. 문득문득 떠오르는 생각에 끊임없이 질문하기도 하고, 기발한 상상력과 창의성을 펼치기도 합니다. 꼬마 철학자이자 몽상가인 셈이죠.

외부와 내부 감각에 예민하다는 것은 예술가에게 꼭 필요한 자질입니다. 예술가는 다른 사람과 다르게 세상을 바라봅니다. 그리고 다르게 생각합니다. 다른 사람처럼 바라보고 생각한다면 뛰어난 예술가가 될 수 없습니다. 예술성은 민감한 감각으로 세상을 받아들이고 창의적으로 해석할 때 나옵니다. 그렇기에 훌륭한 예술가 모두는 어느 정도 예민한 특성을 가진 아이였을 것입니다.

남은 느끼지 못하는 걸 느낄 수 있는 예민한 아이는 풍부한 삶을 누릴 조건을 이미 갖췄습니다. 오늘날 우리 사회가 바라는 창의적 인재가 될 수도 있습니다.

　새롭게 보고 다르게 생각하는 예민한 아이가 세상을 변화시킵니다. 작은 예술가이자 철학자인 아이의 그 숨겨진 능력을 먼저 알아봐 주는 것은 부모의 몫입니다.

예민한 아이의 오감 능력은

외부 자극을 민감하게 느끼고 세밀하게 파악합니다.

외부 자극뿐만 아니라 내부 자극에도 민감합니다.

다른 아이들은 세상을 일반 모니터로 본다면

예민한 아이는 초고해상도 모니터로 보는 것과 같습니다.

작은 새소리, 물 흐르는 소리에서도

아름다움을 느끼고 기뻐합니다.

그렇기에 작은 것에도 더 행복하고 감사할 수 있습니다.

예민한 아이는
노력형이다

　예민한 아이는 외부와 내부 자극을 더 많이 받고 그래서 더 크게 반응한다고 했습니다. 이것은 아이가 태어날 때부터 선천적으로 지닌 기질입니다. 이 기질을 다루는 과정에서 이차적인 특성이 나타납니다. 노력하는 아이, 조심성 있는 아이, 책임감 있는 아이가 된다는 점이 바로 그것입니다.

　예민한 아이에게는 어색함과 실패에 대한 두려움이 크게 다가옵니다. 그래서 새로운 사람을 만날 때, 시험공부를 할 때 아이는 불안감을 남들보다 크게 느낍니다. 불안감을 조절하기 위해 아이는 미리 준비합니다. 새로운 친구를 만나기 전 어떤 말을 할지 미리 연습해 보고 시험 준비를 더 철저히 하면 덜 불안해지니까요. 이처럼 예민함에서 오는 불안감은 아이를 노력하게 만드는 원동력이 되기도 합니다.

예민한 아이는 조심성이 많습니다. 좋지 않은 일이 생길 거란 걱정을 더 많이 해 안전을 추구합니다. 최악의 상황을 가정해 대책을 세웁니다. 돌다리도 여러 번 두드려 보고 건너는 아이입니다.

이런 아이는 미리 빈틈없이 살펴봐야 덜 위험하다고 느낍니다. 잠시 여행을 가더라도 꼼꼼하게 준비물을 챙깁니다. 친구와 놀 때도 주변을 살피며 안전을 확인합니다. 혹시라도 남에게 피해가 가지 않도록 신중하게 행동합니다.

또 예민한 아이는 책임감이 강합니다. 한번 하려고 한 것은 끝까지 합니다. 쉽게 포기하지 않습니다. 그 이유는 다양합니다. 변화를 싫어해서 그럴 수도 있고 남을 실망시키고 싶지 않아서일 수도 있습니다. 또는 자신의 높은 성취 욕구를 만족시키고 싶거나 실패하기 싫어서일 수도 있죠.

어떤 이유로든 끝까지 목표를 성취하려 노력합니다. 풀리지 않는 수학 문제를 두고 울면서도 포기하지 않는 아이가 되죠.

예민함을 잘 이용해 성공한 사업가

미리 준비하고, 노력하고, 꼼꼼하게 계획하고, 신중하고, 책임감과 끈기 있는 아이는 사회에서 큰 성공을 거둘 가능성이 높습니다. 실제로 성공한 기업가 중엔 예민하고 완벽주의 성향을 가진 사람이 많습니다. 예민함을 다루는 과정에서 얻은 준비성과 꼼꼼함, 책임감이 리더의 역할을 톡톡히 해내는 데 큰 도움이 되었을 것입니다. 예민함 고유의 특성인 날카로운 직관과 풍부한 창의력도 성공하는 데 한몫을 했을지도 모릅니다.

실제로 애플(Apple Inc.)의 창업자인 스티브 잡스(Steve Jobs)도 매우 예민했다고 알려졌습니다. 잡스는 스마트폰을 개발할 때 제품의 크기, 모양, 세부 디자인은 물론 포장 상자의 재질까지 확인했다고 합니다. 고객이 포장 상자를 만졌을 때 느끼는 촉감에서부터 제품을 보고 받을 첫인상까지 고려한 것이죠.

반복되는 실패에 경영에서 물러나기도 했지만 포기하지 않고 강한 집념으로 스마트폰을 만들어 세상을 바꿨습니다. 예민한 감각과 고객이 원하는 것을 찾아내는 능력, 예민한 성향에서 오는 끈기와 완벽함이 그를 세계적인 경영자로 만들었죠.

예민함을 강점으로 키워라

예민한 아이가 노력형이라는 점은 인간에게 적당한 수준의 스트레스가 삶의 활력과 업무의 생산성을 향상시킨다는 사실과 같은 맥락에서 이해됩니다.

스트레스 자극이 너무 없으면 마음은 차분하지만 쉽게 지루해지고 일할 의욕이 생기지 않습니다. 시험을 보기까지 시간이 많이 남아 있다면 공부할 의욕이 크게 생기지 않는 것처럼요. 그런데 적당한 수준의 스트레스를 받으면 오히려 집중력이 향상됩니다. 시험 전날 가장 열심히, 효율적으로 공부했던 기억이 여러분에게도 있을테죠.

이렇게 일의 효율성을 높이는 것처럼 긍정적인 결과를 가져오는 적당한 정도의 스트레스를 '유스트레스(eustress)'라고 합니다. 다만 스트레스가 지나쳐 우리를 지치게 하고 기진맥진하게 만들다 결국 포기하게 만드는 과도한 스트레스를 '디스트레스(distress)'라고 부릅니다. 그래서 스트레스는 없애는 것이 아니라 적당한 수준으로 조절하고 관리하는 것이 중요합니다.

예민함도 마찬가지입니다. 아이가 예민함을 잘 조절할 수 있다면, 예민함에 압도당하지만 않는다면 예민해지는 상황이 유스트레스로 작용해 노력하는 사람이 됩니다.

　그 외에도 예민한 아이는 개선점을 스스로 찾는다는 강점이 있습니다. 내부 자극에 예민하기에 자신의 감정, 행동, 생각을 면밀히 살핍니다. 내면의 목소리에 귀 기울이고 자기 성찰하고, 과거의 부족했던 점을 돌이켜 고칠 점을 고칩니다.

　남다른 승부욕을 가지기도 하는데 이 역시 더 나은 모습으로 발전하는 아이를 만듭니다. 그렇게 예민한 아이는 성장해 나갑니다.

예민한 아이는

노력형입니다.

조심성이 많습니다.

책임감이 강합니다.

스스로 개선점을 찾기도 합니다.

예민함을 잘 조절할 수 있다면,

예민함에 압도당하지만 않는다면,

예민해지는 상황이 동기를 부여해

성공하는 아이가 됩니다.

예민한 아이,
이제야 때를 만났다

우리나라는 전통적으로 '개인'보다 '우리'를 더 중요시했습니다. 너무 튀지 않아야 한다고 배웠습니다. 남들처럼 평범하게 행동하라고 강요받았습니다. 또한 '개인 차이'보다 '남녀 구분'이 중요했습니다. 남자는 남자다워야 하고 여자는 여자다워야 한다고 배웠습니다.

예민한 남자아이는 사내답지 못하니 그 성향을 바꾸려 했고, 여자아이는 원래 그럴 수 있다고 불안해해도 참고 견디라고만 했습니다.

'우리'와 '성별'이 중요했던 시대에는 독특한 자기 표현으로 다른 사람의 이목을 끌거나 성 고정 관념에서 벗어난 모습을 보이면 틀린 거라고 믿었습니다.

과거에는 예민한 아이를 둔 부모는 걱정했습니다. 예민함에서 오는 남다름을요. 남들과 다른 아이가 험난한 세상에 잘 적응할 수 있을지, 혹시라도 불이익을 받지는 않을지 말이죠. 실제로 많은 예민한 아이가 까탈스럽다, 사회성이 부족하다, 남자답지 못하다 등의 부정적인 평가를 받기도 했으니까요.

예민함이 인정받지 못한 과거

부모는 예민한 아이를 덜 예민하게 키우려 했습니다. 아이를 평범하게 키우려 했습니다. 아이의 개성을 어떻게 드러낼지보다 다른 사람의 시선을 끌지 않고 세상에 어떻게 어울릴지를 가르쳤습니다. 그것이 예민함에 대한 오해와 편견이 만연한 시대에 아이가 살아남는 방법이었기 때문입니다.

타고난 성향을 존중받지 못한 아이가 과연 행복했을까요? 과거의 아이들은 자신의 진짜 모습을 숨겨야 했고 다른 사람이 기대하는 모습에 자신을 맞춰야 했습니다. 억지로 사람들과 어울려야 했고 즐거운 척했습니다. 다른 사람들의 부정적인 말과 표정에 자존감이 떨어졌습니다. 일부는 다른 사람들이 원하는 모습으로 살았지만 그 모습이 '진정한 내'가 아니기에 이질감을 느끼며 괴로워했습니다. 예민한 아이에게 결코 좋지 못한 때였습니다.

시대가 변했습니다. 예민하다는 것, 그래서 남과 다르다는 것이 인정받는 때가 왔습니다. 자신의 모습 그대로를 보여도 괜찮은 시대입니다. 아이에게 더는 억지로 남들처럼 살지 않아도 된다, 네가 하고 싶은 것을 하고 살라고 말해도 괜찮습니다.

텔레비전에 나오는 노래 경연 프로그램만 봐도 예전에는 노래를 잘 부르고 못 부른다는 걸로 합격을 가르는 획일적 기준이 있었습니다. 음을 높고 깨끗하게 내는지, 음정과 박자가 정확한지, 기교가 화려한지가 중요했습니다. 많은 가수가 특색 없는 목소리로 비슷하게 불렀습니다.

하지만 요즘은 다릅니다. 예민한 감각으로 곡을 독창적으로 해석할 때, 노래에서 개성이 드러날 때 더 좋은 평가를 받습니다. 조금은 음이 맞지 않아도, 조금은 거칠고 투박해도 개성이라 생각하고 이해합니다. 고음을 내지 않아도, 화려한 기교는 없어도 느낌 있게 부르면 대중의 사랑을 받습니다.

많은 크리에이터(creator)는 유튜브(YouTube)에서 자신이 하고 싶은 걸 합니다. 모두가 좋아하는 걸 하면 오히려 경쟁력이 떨어지죠. 사람들이 하고 싶은 걸 하다 보니 관심사가 비슷한 구독자가 생깁니다. 예민한 감성, 취향에서 오는 독특함이 구독자를 늘게 합니다.

이제는 예민함의 시대

기술이 발전하면서 꼭 필요한 외부 활동만 해도 살아가는 데 큰 지장이 없는 시대가 왔습니다. 예민한 사람에게 불필요한 자극은 고통입니다. 이런 사람들에게 이제는 회사에 가지 않아도 일할 수 있는 환경이 주어졌습니다.

회사에서 발생하는 소음, 불빛, 다른 사람들과 함께 있는 데서 오는 스트레스 등 불필요한 자극을 없애고, 조용하고 편안한 집에서 일하고 온라인 회의를 할 수 있습니다.

많은 사람 앞에 서서 긴장하지 않아도 됩니다. 또 혼자 일해도 괜찮은 세상입니다. 집에서 영상을 제작해도 되고 프로그래밍을 해도 됩니다. 노래를 만들고 음원을 올리는 일 모두 혼자 할 수 있습니다. 사람들 사이에서 쉽게 지치는 사람에게 선택권이 넓어졌습니다.

이제 예민한 사람에게 기회가 되는 세상입니다. 평범함보다 독특함이 매력으로 다가오는 시대가 왔습니다. 아이의 예민함을 더 이상 숨기지 않아도 됩니다.

남이 보지 못하는 것을 보고, 듣지 못하는 것을 듣고, 느끼지 못하는 것을 느끼는 예민함은 특별한 재능입니다. 아이가 그 재능을 마음껏 펼칠 수 있도록 도와줍시다.

과거에는

예민한 아이를 보고 까탈스럽다,

사회성이 부족하다고 했지만,

현재는

예민한 아이를 보고 특별하다,

남들이 부러워하는 재능을 지녔다고 합니다.

평범함보다 독특함이 매력인 시대가 왔습니다.

이제는 아이의 예민함을 숨기지 않아도 됩니다.

[이건 알고 있으면 좋아요]

예민한 아이의 사회성과 불안에 대하여

1. 사회성

예민한 아이는 사회성이 부족하다는 오해를 많이 받습니다. 주변에 사람이 있으면 불편해하거나 피하기도 해서 그런 것 같습니다. 다른 사람의 표정, 말, 감정, 생각 등에서 자극을 크게 받는 아이는 많은 사람이 함께 있는 상황에서 쉽게 피곤해져서 대개 소규모의 모임을 선호합니다. 각종 모임에 적극적으로 참여하여 친구를 사귀는 데 적극적이지 않을 수 있습니다.

하지만 예민한 아이는 누구 못지않게 친구와 깊은 우정을 나눌 수 있습니다. 예민한 아이는 친구를 잘 관찰하고 세심하게 배려할 줄 압니다. 아이의 따뜻한 마음을 주변 친구들도 서서히 알게 됩니다. 진중한 태도에 아이를 믿고 따릅니다. 예민한 아이는 타고난 공감 능력으로 친구가 기쁘면 함께 기뻐해 주고 친구가 힘들어하면 진심으로 위로할 줄 압니다.

타인의 시선에 예민한 아이는 행동하기 전에 다른 사람에게 관심을 갖고 상대방을 관찰합니다. 그 과정에서 얻은 정보를 바탕으로 상대방을 이해하고 감정을 공유합니다. 예민한 아이는 좋은 친구가 될 조건을 이미 갖췄습니다.

2. 불안

앞에서 아이가 자라면서 특정 대상이나 상황을 무서워하고 불안해하는 모습이 정상적으로 나타날 수 있다고 말했습니다. 그래도 '내 아이는 불안하지 않았으면 좋겠어'라고 생각하는 부모가 있을지도 모르겠습니다. 아이가 불안해하면 괜히 부모 마음도 불안해지니까요.

그럼 불필요해 보이는 듯한 '불안'이란 감정을 아이는 왜 느끼는 걸까요? 정상 발달 과정에서 나타난다는데, 나름의 이유가 있지는 않을까요?

여러분 앞에 호랑이가 나타났다고 가정해 보죠. 여러분에게 어떤 반응이 나타날까요? 일단 겁이 나고 무섭고 긴장이 되겠죠. 신체 반응으로는 동공이 커지고 심장이 빨리 뛰고 숨도 가빠질 것입니다. 근육에 피가 몰려 근육이 단단해집니다. 호랑이와 싸우기 위해 주변을 둘러보고 돌이나 막대기를 들 수도 있고, 아니면 도망갈 곳을 살필 수도 있습니다.

이와 같이 인간은 생존에 위협을 받는 상황에서 자연스럽게 투쟁

하거나 도망가려 합니다. 그때 동공 확대, 심박수와 호흡수 증가, 뇌와 근육으로 가는 혈류량 증가 등의 신체 변화가 나타납니다. 이를 싸움 도피 반응(fight or flight response)이라 부릅니다. 이 과정에서 자연스럽게 느끼는 감정이 불안입니다.

만약 맹수 앞에서도 전혀 불안하지 않다면요? 긴장이 되긴커녕 졸립고 무기력하다면요? 아마도 그 사람은 살아 남기 힘들 테죠. 생존에 위협이 발생한 상황에서 몸과 마음을 대비시키고, 경고 신호를 주어 생존 확률을 높이게 하는 것이 불안이라는 감정입니다.

사실 쉽게 불안해하는 예민한 기질은 인류 역사상 생존에 유리하게 작용했습니다. 주변에 사나운 짐승이 안전을 위협하는지, 안전한 공간은 어디에 있는지, 혹은 물과 음식을 어디서 구할 수 있을지 예민한 사람은 직관적으로 파악할 수 있었습니다.

그래서 예민한 사람은 지도자나 예언가로 활약하기도 했습니다. 맹수의 위협, 이상 자연 현상 등에 무방비로 노출되어 있던 과거에는 예민함이 부러움의 대상이었을 것입니다.

인류가 등장한 지 수백만 년에 지났지만 쉽게 불안해하는 예민한 특성은 사라지지 않습니다. 예민함을 지닌 사람들이 있었기에 인류는 그 다양성을 보존하고 생존 가능성을 높여 왔습니다. 진화학적으로 보았을 때 예민함은 선택이 아닌 필수인 셈이죠.

여러분의 아이가 주변 상황에 예민하게 반응해 쉽게 놀란다면 아마도 생존 능력이 발달해서 그럴 테죠. 이 아이는 과거였다면 언제닥칠지 모르는 위험한 상황을 대비해 집을 짓고 울타리를 치고 식량을 쌓으려 했겠죠.

'예민한 아이는 노력형이다'라는 말과 같은 맥락에서 불안도 이해할 수 있습니다.

예민한 아이 부모를 위한 마음공부

둘

✔ 부모가 예민한 아이의 모습을 긍정적으로 바라본다면,
창의적이고 특별한 아이로 다가옵니다.

✔ 새롭게 보고 다르게 생각하는 예민한 아이가 세상을 변화시킵니다.
작은 예술가이자 철학자. 아이의 그 숨겨진 능력을
먼저 알아봐 주는 것은 부모의 몫입니다.

✔ 예민함을 다루는 과정에서 아이는 차분하고 신중하며 꼼꼼하고
성실한 태도를 지니게 됩니다. 그러니 부모는 그 불안감을
적당한 수준으로 조절하고 관리해 주는 데 초점을 맞춰야 합니다.

✔ 평범함보다 독특함이 매력으로 다가오는 시대에
예민함이라는 특별한 재능을 아이가 마음껏
펼칠 수 있도록 도와주세요.

3장

지치지 않는 부모의 특별한 육아 원칙

— 1장과 2장에서 예민한 아이의 고유한 특성과 장점을 살펴보았으니, 이제 예민한 아이를 키우는 데 실질적으로 도움이 될 내용을 알아보겠습니다. 3장에서는 예민한 아이를 대하는 부모의 바람직한 마음가짐을 살펴보고 4장에서는 구체적인 방법을 다루겠습니다.

어떤 목적지에 가려면 우선 어디로 향할지 큰 방향부터 정한 후에 구체적인 동선을 짭니다. 큰 방향을 잘 정하면 설령 돌아가더라도 목적지에 도착할 수 있습니다. 예민한 아이를 키울 때도 이와 같은 원칙이 적용됩니다. 아이를 향한 부모의 마음가짐부터 바르게 한 뒤 구체적인 양육법을 살펴보아야 올바른 양육을 할 수 있습니다. 그래서 이 책에서도 구체적인 양육법을 살펴보기에 앞서 부모의 태도를 먼저 논하려 합니다.

상황별 접근법과 해결책을 위주로 제시하는 다른 책들과는 달리 이 책에서는 예민한 아이를 대하는 부모의 태도를 중심으로 설명합니다. 그리고 여러 상황을 예로 들어, 그 태도가 실전에서 어떻게 나타날 수 있는지를 구체적이고 다양하게 보여줍니다. 이 방법이 부모가 취해야 할 태도를 강조해서 설명하는 데 더 효율적이라고 생각했기 때문입니다.

1, 2장을 읽은 여러분은 이제 예민함이라는 개념을 이해하고 아이를 새로운 시각으로 바라볼 수 있습니다. 그 다음 단계로 실전에서 아이를 어떻게 대해야 하는지 알아보겠습니다.

예민한 아이는
잘못한 것이 없다

앞에서 살펴본 내용을 잠시 정리해 볼까요? 예민함은 타고난 기질입니다. 그렇기에 아이가 '일부러' 예민하게 구는 것은 아닙니다. 부모가 아이를 '잘못 키워서' 아이가 예민한 것도 아닙니다. 그리고 예민함은 나쁘지 않다고 했습니다. 오히려 이를 잘 사용하면 특별한 재능이 됩니다.

따라서 아이도 부모도 잘못하지 않았습니다. '잘못하다'라는 말은 옳지 않거나 좋지 않은 행동을 했다는 의미를 담고 있는데, 예민함은 결함이나 단점이 아니니 예민함을 두고 잘못했다는 말 자체를 사용할 수 없습니다. 예민함은 고치거나 바꿔야 하는 대상이 아니며, 치료해야 할 문제점은 더더욱 아닙니다.

간혹 예민한 아이가 자신을 너무 힘들게 한다며 고충을 토로하는 부모도 있습니다. 때로는 자신이 아이를 잘못 키워서 그렇다며 자책하기도 합니다. 지칠 대로 지친 부모가 아이가 '덜 예민했으면', '덜 유별났으면' 하는 바람을 털어놓을 때면 제 마음도 무거워집니다.

물론 예민한 특성이 부모와 아이 모두를 힘들게 만드는 결과를 낳기도 합니다. 친구들 사이에서 오는 불편감에 어린이집 가기를 거부하거나, 자기가 원하는 방식대로 되지 않으면 부모에게 소리를 지르거나, 조금만 불편해도 참지 못하는 아이를 보고 아이가 덜 예민하길 바라는 부모의 간절한 마음, 충분히 이해합니다.

아이를 있는 그대로 인정하라

예민한 아이를 둔 부모는 아이를 탓하고 예민함을 바꾸려 하면 안 됩니다. 자신이 잘못 키워서 그런 것 같다는 불필요한 죄책감도 떨쳐내야 합니다.

뛰어난 연주자는 악기가 낼 수 있는 최상의 소리를 끌어내듯, 부모의 역할은 아이가 예민함이라는 특별한 재능을 유감없이 발휘할 수 있도록 도와주는 것입니다.

간혹 어떤 부모는 아이를 강제로 변화시키려 합니다. 예민한 아이가 예민하지 못하도록 혼내기도 합니다. 하지만 아이는 바뀔 수 없습니다. 타고난 기질을 억누르고 감출 뿐입니다. 아이나 부모 모두 불필요한 에너지를 소모할 뿐입니다. 오히려 역효과만 납니다.

부모의 말과 표정에 민감한 아이는 부모가 자신을 어떻게 바라보는지 금세 알아차립니다. 부모의 부정적인 감정과 생각은 아이에게 전달됩니다. 예민함이 잘못되었다는 부모의 생각에 아이는 위축됩니다.

아이 자신이 무언가 잘못했다는 생각에 자존감도 떨어집니다. 주눅이 든 아이는 예민함을 자극하는 상황을 피하려고만 합니다. 그럼 예민함을 다루는 법을 배울 기회를 잃게 됩니다. '아이 모습을 있는 그대로 인정하는' 부모의 태도를 재차 강조하는 이유가 바로 여기에 있습니다.

타고난 아이 모습을 그대로 인정하는 태도를 부모가 보여 줘야 아이도 안심합니다.

예민함을 특별한 재능으로 바라보는 긍정적인 시각을 아이에게 전달해 주세요. 그럼 아이는 불필요한 죄책감을 느끼지 않습니다.

'넌 남과 좀 달라서 더욱 특별해'라는 말은 아이에게 힘과 용기를 줍니다.

이루기 힘든 부모의 바람은
'우리 아이가 덜 예민했으면'
'우리 아이가 덜 유별났으면'입니다.

아이를 있는 그대로 인정하는 부모의 말은
"넌 남과 좀 달라서 더욱 특별해"입니다.

혹시나 아이의 예민함을 바꾸려 하나요?
아니면 예민한 아이가 특별한 재능을
발휘할 수 있도록 도와주고 있나요?

예민함을
다룰 수 있는 아이로 키운다

예민한 성향을 바꿀 수 없다면(바꿀 필요도 없습니다만), 예민함을 잘 사용하면 됩니다. 우리가 일상에서 마주하는 모든 스트레스 요인을 없앨 수는 없지만, 그것을 관리하는 능력을 키우면 되는 것처럼요.

아이가 배워야 할 것은 예민함을 잘 통제하고 조절해서 사용하는 방법입니다. 양육의 목적은 아이가 예민함을 적절히 다루어서 사회에 잘 적응할 수 있도록 하는 것입니다.

예민함에 압도당하지 않고 예민함을 통제하는 아이는 자신감이 넘칩니다. 불편한 상황에서도 적절하게 행동해서 스스로 문제를 해결할 수 있다는 믿음인 효능감도 생깁니다. 어려운 상황을 피하기보다 도전하려 합니다.

이런 아이는 예민함을 부정적으로 바라보지 않습니다. 무섭고 겁나는 상황이 아닌 새로운 경험으로 생각합니다. 남들과 다른 자신의 모습을 특별하다고 받아들입니다. 그렇게 자존감 높은 아이로 자랍니다.

올바른 양육의 목표

낯선 상황에서 쉽게 긴장하는 아이라면, 긴장을 느끼지 않는 아이로 만드는 것을 목표로 삼아서는 안 됩니다. 아이가 환경에 천천히 익숙해지도록 시간을 충분히 줍시다. 시간이 지나면 자연스럽게 불안감이 줄어든다는 사실과 긴장을 스스로 푸는 방법을 알려 주면 됩니다.

눈치를 보면서 남의 기분만 맞추려는 아이에게는 자기 생각과 감정을 좀 더 솔직하게 드러낼 수 있도록 도와줍니다. 모든 사람의 기분을 맞추지 않아도 괜찮다는 점을 알려 줍니다. 남의 기분을 상하게 하지 않으면서도 자신의 의견을 명확하게 전하는 법을 가르칩니다.

아이가 남의 비판을 참지 못한다면 비판을 견딜 수 있는 힘을 키워 줘야 합니다. 자신에게 높은 기준을 적용해서 쉽게 만족하지 못하는 아이라면 완벽하지 않아도 괜찮다는 점을 알려 줍니다. 적어도 자기 자신을 비난하며 괴로워하지 않도록 도와줘야 합니다.

음식의 향과 질감에 민감해 편식이 심한 아이라면 발육이나 건강에 문제가 생기지 않을 정도로만 관리해 주면 충분합니다. 꼭 먹지 않아도 되면 안 먹어도 된다고 말해 줄 수 있어야 합니다.

예민하지 않게 하는 것은 목표가 될 수 없다

한 가지 확실한 것은 예민하지 않은 아이로 키우려고 하면 실패한다는 점입니다. 남의 비판과 감각에 아예 둔감한 아이로 키울 수는 없습니다. 뭐든 너무 과하지만 않으면 됩니다.

'적당히' 긴장하고 눈치 보고 민감하다면 이 세상을 살아가는 데 아무런 문제가 되지 않습니다.

결국 통제할 수 있는지 없는지, 견딜 수 있는지 아닌지가 중요합니다. 무엇이든 감당할 수 있으면 능력이 되고, 그렇지 못하면 고통이 됩니다.

날카로운 칼에 '요알못(요리를 잘 알지 못하는 사람)'은 손을 베지만, '셰프'는 맛도 좋고 모양도 화려한 요리를 만듭니다. 날카로운 칼을 무디게 만드는 대신 칼을 다루는 솜씨를 키우면 됩니다.

'예민함을 다룰 수 있는 아이로 키우자'는 말은 아이가 지닌 기질을 존중한다는 의미를 포함합니다. '있는 그대로의 네 모습을 사랑할 거야'라는 메시지를 아이에게 전달하는 것이죠. 그렇기에 아이에게 예민함을 다루는 법을 알려 주는 과정에서 아이는 '실력'이 늘 뿐만 아니라 '자기 존중'도 배웁니다.

예민함을 긍정적으로 받아들이고 잘 다룰 수 있는 아이로 키우는 것, 바로 그것이 부모의 역할입니다.

눈치 보면서 남의 기분만 맞추려는 아이라면,

모든 사람의 기분을 맞추지 않아도 괜찮다고 알려 주세요.

아이가 남의 비판을 참지 못한다면,

비판을 견딜 수 있는 힘을 키워줘야 합니다.

자신에게 쉽게 만족하지 못하는 아이라면,

완벽하지 않아도 괜찮다고 알려 줍니다.

안정감이
최우선이다

높은 산에 오르려면 베이스캠프가 필요합니다. 산악인들은 그곳에 텐트를 치고 잠시 휴식을 취합니다. 날씨를 확인하면서 기다리다 적당한 때가 오면 최종 등반을 시도합니다.

때론 산을 오르다 예상치 못한 어려움을 겪기도 하죠. 누군가 다치거나 기상이 갑자기 변하기도 하고 몸과 마음의 준비가 덜 되었다고 느끼기도 합니다. 그럼 다시 베이스캠프로 돌아갑니다. 등반 경로를 다시 확인하고 장비를 정비하며 몸과 마음을 가다듬으면서 또 다른 기회를 엿봅니다. 그렇게 산 정상에 오릅니다.

만약 베이스캠프가 없다면 어떨까요? 최종 등반을 앞두고 산악인들은 충분히 휴식을 취할 수 없겠죠. 등반하기 적당한 날까지 기다릴 수도 없습니다. 더욱 중요한 것은 혹시라도 문제가 발생했을 때 돌아갈 곳이 없다는 점입니다.

문제가 생겼을 때 돌아갈 곳이 없다는 사실에 산악인들은 불안할 테죠. 최상의 컨디션으로 등반해도 쉽지 않은데, 불안하면 성공할 확률은 더 낮아지겠죠. 반면 언제라도 돌아갈 곳이 있다면 산악인들은 심리적으로 안정될 것입니다.

부모는 아이의 든든한 베이스캠프

예민함을 다루려면 아이에게도 베이스캠프와 같은 존재가 필요합니다. 예민함을 다루는 법을 배우기 위해서는 아이가 끊임없이 도전해야 하는데, 불편한 상황을 피하기만 해서는 예민함을 다룰 수 없습니다. 아이가 피하지 않고 도전하려면 우선 안정감을 느껴야 합니다. 안정된 느낌을 받아야 용기를 내고 탐험할 수 있습니다. 불안하면 용기를 내기 어렵고 주저하게 되기 때문입니다.

무엇보다 혹시라도 실패했을 때 위로받을 수 있어야 계속 도전할 수 있습니다. 실패의 고통이 너무 크면 다시는 도전하지 않습니다. 반면 실패해도 괜찮다는 걸 알면 다시 시도할 수 있겠죠.

도전할 용기를 주고 실패해도 위로받을 수 있는 심리적 공간이 아이에게 필요한 것입니다.

아이에게 튼튼한 베이스캠프처럼 믿을 만한 심리적 공간을 만들어 주려면, 부모는 예민하고 불안한 아이에게 우선 안정감을 주어야 합니다.

아이가 힘들어하거나 불안해하면 달래 주고, 불필요한 자극이 있으면 제거해 줍니다. 도전하면 격려해 주고, 비록 성공하지 못했더라도 포근하게 안아 줍니다. 그런 부모 모습에 아이는 부모가 언제라도 자신을 지켜 줄 거라고 믿으며, 실패하더라도 위로해 줄 거라고 생각합니다.

그러니 부모와 떨어지는 것을 무서워하는 아이를 억지로 떼어 내지 마세요. 소리가 주는 자극에 힘들어하는 아이에게 참으라고만 하지 마세요. 아이를 강하게 키워야 한다는 조급한 생각에 힘들고 불안한 아이를 그대로 놓아 버리지 마세요.

대신 안심시켜 주세요. 안정감을 주는 일이 우선입니다. 우선 마음이 안정되고 든든해야 아이는 다시 도전합니다.

아이에게 안정감을 주는 법

그럼 부모는 아이에게 어떻게 안정감을 줄 수 있을까요? 가장 쉬운 방법은 눈 맞춤과 스킨십을 자주 하는 것입니다.

주저하는 아이라면 눈을 보고 웃어 주세요. 아이가 안절부절못하면 손을 꼭 잡아 주세요. 자극에 압도되어 힘들어하는 아이는 안고 달래 줍니다. 눈 맞춤과 스킨십으로 부모의 따스한 마음이 아이에게 전해집니다.

부모 또한 자신의 마음을 잘 살펴야 합니다. 부모가 불안하면 아이도 불안해집니다. 부모가 죄책감을 느끼면 아이도 자신이 잘못했다고 느낍니다. 부모의 마음은 아이에게 고스란히 전달됩니다.

'내 마음은 지금 어떻지?'라고 한번 생각해 보세요. 그 질문을 하는 것만으로도 부정적인 감정에서 조금은 거리를 둘 수 있습니다. 상황이 객관적으로 보이면서 부모 아이 모두 안정감을 서서히 찾게 될 것입니다.

아이가 힘들 때마다 일관되게 안정감을 준 부모는 아이가 믿고 의지할 수 있는 대상이 됩니다. 믿고 의지할 수 있는 대상이 생겼다는 사실에 아이는 큰 힘을 얻습니다.

어린아이에게 부모는 이 세상에서 첫 번째로 마주친 타인입니다. 자신을 돌보는 부모를 보며, 아이는 다른 사람도 자신을 따뜻하게 대할 것이라고 생각합니다.

어린아이에게 부모가 곧 세상입니다. 부모가 믿을 만하고 예측 가능하다면, 아이는 이 세상도 그럴 것이라고 느낍니다. '(내가 생각했던 것보다는) 무섭지 않고 살 만한 세상이다'라는 희망이 생기면 아이는 불안과 두려움을 이겨내고 탐험합니다.

아이는 부모에게서 얻는 힘과 용기를 발판 삼아 더 넓은 세상으로 나갈 수 있습니다.

에릭슨(Erikson)이라는 학자가 주장한 심리사회적 발달 이론 (psychosocial development theory)에 따르면 아이에게는 성장하면서 꼭 배워야 하는 것이 있습니다. 생의 가장 초기 1세 미만의 영아는 부모를 향한 '신뢰'와 세상을 향한 '희망'을 배워야 한다고 합니다. 신뢰와 희망이 인생의 기초, 베이스캠프가 되는 셈입니다.

아이가 예민함이라는 높은 산을 정복하려면 성공과 실패를 수없이 반복해야 합니다. 부모는 아이가 성공했을 때 축하하고 실패했을 때는 위로하면 됩니다. 겁이 나서 되돌아왔더라도, 충분히 휴식을 취하고 용기를 얻으면 다시 도전할 수 있습니다.

언제라도 돌아올 수 있는 베이스캠프, 그 존재만으로도 아이는 힘을 냅니다. 부모는 아이의 베이스캠프입니다.

높은 산 속 베이스캠프와 같은 부모는

아이가 힘들어하거나 불안해하면 달래 줍니다.

불필요한 자극을 제거해 줍니다.

도전하면 격려해 주고,

비록 성공하지 못했더라도 포근하게 안아 줍니다.

그러면 아이는 부모가 언제라도 지켜줄 것이라고 믿습니다.

그렇게 예민함이라는 높은 산을 정복해 갑니다.

조급해하지
않는다

예민한 아이를 둔 부모는 조급해하지 말아야 합니다. 제가 이것을 강조하는 이유는 예민한 아이를 둔 부모가 그만큼 조급해지기 쉽기 때문입니다.

실제로 저에게 고민을 털어놓는 지인이나 진료실에 오는 부모들의 마음이 급해 보입니다. 왜 그럴까요?

부모가 조급해지는 상황은 크게 두 가지입니다. 우선 아이가 '행동이 느릴 때' 부모는 조급해집니다.

많은 예민한 아이는 행동이 느립니다. 정확히 말하면 느리다기보다 꼭 해야 하는 것이 많기에 과정을 수행하는데 시간이 오래 걸립니다. 자신만의 규칙을 꼭 지켜야 하는 아이는 준비 시간이 오래 걸릴 수밖에 없습니다.

외출하기 전에 자신이 원하는 대로 옷을 입어야 하고, 신발 끈을 묶는 데도 아이가 원하는 방식이 있어서 그 방식이 아니면 부모와 실랑이를 벌이기도 합니다. 한번 하던 놀이는 끝까지 해야 직성이 풀립니다. 놀이 중간에 나가자고 하면 '아니야, 이거 하고'라고 떼를 씁니다.

그런 아이를 보며 부모는 어린이집 통학 버스를 놓칠까 봐 마음이 급합니다. 약속 시간에 맞춰야 하는데 오늘도 또 늦을 거 같아 걱정입니다.

아이가 빠릿빠릿하지 않아 답답한 마음에 잔소리가 절로 나옵니다. 부모도 모르게 아이를 다그치고 재촉하게 됩니다. 부모의 재촉과 짜증에 아이는 더욱 보챕니다. 부모는 참고 또 참다 결국 폭발하기도 합니다. 조급함이 분노가 되는 순간입니다.

부모가 조급해지는 또 다른 상황은 아이가 '더디게 변할 때'입니다. 첫 번째 상황은 '느리다'의 주체가 아이 행동과 일 처리 속도라면 두 번째 경우는 아이의 변화 속도입니다. 예민한 아이에게 변화 속도란 예민함의 조절 능력을 얼마나 빠르게 습득하는지를 말합니다.

두 살 아이가 변기 물 내리는 소리를 무서워하면 많은 부모는 아이가 유별나다고 생각하고는 대수롭지 않게 넘깁니다. 그런데 아이가 다섯 살이 되어도 여전히 그런다면 부모는 걱정합니다. 혹여나 물 내리는 소리가 무서워 변기에서 대소변을 보지 못한다면 부모는 조급해질 수밖에 없습니다.

부모가 조급하면 아이는 불안하다

어찌 보면 위의 두 상황에서 부모가 조급해지는 것은 당연해 보입니다. 기대만큼 아이가 따라오지 못할 때 부모는 걱정할 수 있습니다. 아이에게 혹시나 문제가 있지는 않은지, 다른 아이들보다 뒤처지는 것은 아닐지 두렵기도 합니다. 그럼에도 부모는 조급한 마음을 진정시켜야 합니다.

첫 번째 이유는 부모가 조급하면 아이를 다그치게 되기 때문입니다. 앞의 글에서 아이에게 우선 안정감을 주어야 한다고 했습니다. 다그치거나 혼내는 것은 안정감을 주는 것이 아닙니다. 오히려 아이의 불안감을 증폭시킵니다.

다그치면 의도치 않게 예민함이 나쁘다는 메시지를 아이에게 전달하게 됩니다. 특히 타인의 말과 표정과 감정 상태에 민감한 아이는 부모의 조급한 마음을 알아채고 부모 눈치를 더 보게 됩니다. 그리고 자신이 잘못했다는 생각에 아이는 주눅이 듭니다.

물론 제시간에 어린이집에 가고 친구와의 약속에 늦지 않는 것은 중요합니다. 또한 아이가 빠르게 변하지 않아 다른 아이보다 뒤처질 것 같은 불안한 마음도 이해합니다. 영영 예민함을 조절하지 못하는 아이가 될까 봐 두려워하는 마음도요.

하지만 부모가 조급해한다고 아이가 더 빠르게 행동하거나 변하지 않습니다. 설령 빠르게 행동한다 해도 그것은 부모의 날카로운 모습에 아이가 겁먹고 억지로 한 것뿐입니다. 예민함을 조절해서 행동한 게 아니죠. 예민함이 주는 불편함보다 부모로부터 느낀 무서움의 크기가 더 컸을 뿐입니다.

부모가 조급한 마음을 진정시켜야 하는 두 번째 이유는 부모의 감정이 아이에게 전달되기 때문입니다. 부모의 조급하고 짜증스러운 마음은 아이에게 전달됩니다.

약속에 늦을까 봐, 아이가 평생 이대로 발전이 없을까 봐 불안하고 걱정스러운 마음도 아이에게 전달됩니다. 이런 마음 역시 안정감과는 거리가 멉니다.

부모에게 여유가 있어야 합니다. 조금 늦어도 괜찮다는 태도를 보여야 합니다. 천천히 변해도 앞으로만 나아가면 된다는 자세여야 합니다. 그럴 때 아이에게 안정감을 전달할 수 있습니다.

아이 행동이 조금 느리더라도, 실수가 잦더라도 여유 있게 아이를 지켜봐 주세요. 잠시 행동을 멈추고 깊게 숨을 쉬어 봅니다. '내 마음이 조급해지지 않았나?'라고 스스로에게 질문을 던져 보고요.

느리다는 것은 달리 말하면 신중하다는 것일 수 있습니다. 정해진 대로 해야 한다는 것은 꼼꼼하다는 것일 수도 있습니다. 아이 스스로 해 봐야 익숙해져서 속도도 빨라질 것입니다.

아이의 변화 속도가 빠르지 않더라도 차분하게 기다려 주세요. 예민함을 조절하는 과정은 단거리가 아닌 마라톤입니다. 마라톤을 뛸 때는 각자의 페이스가 있습니다. 절대로 옆 사람을 보고 무리해서 뛰면 안 됩니다.

예민한 아이들도 아이마다 변화의 속도가 다릅니다. 그리고 부모는 아이 고유의 속도를 인정해 줘야 합니다. 물론 무조건 지켜만 보면 된다는 뜻은 아닙니다. 도움이 꼭 필요한 상황에는 분명히 도와줘야 합니다. 그러나 부모가 느긋한 태도로 아이의 성장을 기다리는 것만으로도 충분할 때가 훨씬 많습니다. 부모가 충분히 기다릴 수 있는데 못 기다리는 경우가 대부분인 것이죠(도움이 꼭 필요한 경우에 대해서는 이 책 끝에서 설명하겠습니다).

조급해하지 않는 연습

그럼 조급해하지 않을 수 있는 방법을 몇 가지 알려드리겠습니다. 우선 조급해지는 상황을 파악하세요. 그 상황에 맞는 해결책을 먼저 찾으면 됩니다. 어린이집 가기 전에 아이를 재촉하게 된다면 준비 시간을 늘리면 됩니다.

이때 부모 입장이 아닌 아이 입장에서 상황을 바라보세요. 부모 생각에 '이 정도면 충분하겠지?'가 아니라 '아이라면 얼마나 준비 시간이 필요할까?'를 고민해야 합니다. 약속 시간에 늦을 것 같아서 부모가 조급하다면 미리 상대방에게 양해를 구해도 좋습니다.

아이 때문에 약속 시간보다 30분 전에 도착한다는 생각으로 준비하면 얼추 약속 시간에 맞출 수 있을 것입니다. 외출 준비 과정이 길어서 몸은 조금 더 피곤하더라도 마음은 조급하지 않을 수 있습니다.

또 다른 방법은 '꼭 급해야 하는 상황인가?'라고 부모 스스로 질문해 보는 것입니다. '혹시라도 내가 욕심부리는 건 아닐까?'라고 생각해도 좋습니다. 외출할 때 아이가 원하는 옷을 입고 싶어 한다면 굳이 부모의 취향을 아이에게 강요할 필요는 없습니다. 아이가 원하는 대로 입게 해도 큰 문제가 되지는 않으니까요. 부모와 아이의 불필요한 실랑이를 줄여서 시간과 에너지 모두를 아낄 수 있습니다.

한겨울에도 반팔을 입겠다고 하면 코트 하나 더 챙겨 주면 됩니다. 부모는 이해할 수 없지만 아이가 굳이 입고 있던 잠옷을 어린이집에 입고 가고 싶어 한다면 까짓것, 한번 보내 보자고요.

"잠옷 입고 가면 친구들이 놀릴 텐데?"라고 아이에게 핀잔을 주지 않아도 됩니다. 사실 부모만 잠시 창피했지 아이는 신경도 안 쓸 터입니다. 또는 아이 스스로 창피하다고 느끼면 기꺼이 잠옷을 포기할 테고요. 문제를 옳고 그름이 아닌 취향과 가치관의 차이가 아닌지 부모는 항상 고민해야 합니다.

만약 아이가 성장하지 않아서 걱정이라면 어제보다 오늘 아이가 나아진 점을 하나씩 찾아보세요. 그럼 덜 조급해집니다. 처음에는 아이의 변화가 잘 보이지 않을 수 있지만 열심히 찾아보면 누구나 찾을 수 있습니다. 그래도 보이지 않는다면 시간 단위를 늘려 보세요. 하루가 아닌 일주일 간격으로 전보다 발전한 아이 모습을 찾아봅니다. 한 달, 연 단위로 해도 좋습니다. 누구나 그 차이를 발견할 수 있습니다. 이전보다 조금 덜 괴로워하거나 덜 보채거나 덜 집착하는 변화가 분명히 있습니다.

친구들 사이에서 긴장하고 아무 말도 못 했던 아이가 친구에게 '안녕'이라고 인사한다면 분명 발전한 것입니다. '안녕'이라고 인사하지는 못해도 친구 눈을 바라보고 웃는다면 역시 성장한 것입니다. 친구들 곁에서 표정이 조금이라도 편해 보인다면 그것도 큰 변화입니다.

느리지만 분명히 변하는 아이

아이가 나아진 점이 보이지 않았던 이유는 나아진 점이 없어서가 아니라 부모 눈에 안 보였던 것뿐입니다. 미세한 변화는 적극적으로 찾을 때만 보입니다.

변화가 보이는 만큼 부모는 덜 불안합니다. 아이가 뒤처지지 않고 앞으로 나아가고 있음을 알게 되니까요. 또한 부모가 아이의 변화를 찾는 만큼 아이도 자신의 성장과 발전을 알게 됩니다.

"저번에 어린이집 갈 때는 너무 힘들었는데, 오늘은 씩씩하네!"라고 변화된 모습을 아이에게 말해 주세요. 그럼 아이는 용기를 얻고 더욱 노력하게 됩니다. 아이는 조금씩 예민함을 다룰 수 있게 됩니다. 그렇게 있는 그대로의 자기 모습을 점점 사랑하게 됩니다.

마지막으로 부모만의 시간을 조금이라도 가지길 권합니다. 몸과 마음이 지치면 자신도 모르게 조급해지고 날카로워집니다. 몸과 마음이 여유로워야 느긋할 수 있습니다.

잠시라도 아이와 떨어져 자신만의 시간을 가지세요. 취미 생활이나 산책을 해도 좋습니다. 그 정도의 시간도 없다면 10분 만이라도 신나는 음악을 듣거나 푸른 하늘을 바라보세요. 좋아하는 차를 끓여 향을 맡아도 좋습니다.

부모 본인만의 시간을 조금이라도 확보할 수 있다면 주저 말고 주변 사람들에게 도움을 요청하세요. 가족, 친척, 믿을 만한 이웃 누구든 좋습니다.

나라에서 제공하는 돌봄 서비스도 확인해 보세요. 온전하게 자신만의 시간을 잠시라도 가질 때, 더 여유롭고 온화한 부모가 될 수 있습니다.

부모가 조급해지는 상황은 크게 두 가지입니다.

아이가 행동이 느릴 때,

아이가 더디게 변할 때.

조급해지는 상황을 파악하세요.

'꼭 급해야 하는 상황인가?'라고 부모 스스로 질문해 보세요.

'혹시라도 내가 욕심부리는 건 아닐까?'라고 생각해도 좋습니다.

더불어 부모만의 시간을 조금이라도 가져 보세요.

몸과 마음이 여유로워야 느긋할 수 있습니다.

피할 수 있다면
피한다

예민한 아이에게 부모는 종종 '조금만 더 참아 보자'라고 합니다.

소리에 예민한 아이에게 조금만 더 견뎌 보길, 다른 사람 앞에 서는 것을 두려워하는 아이에게 조금 더 용기 내어 보길 원합니다.

부모의 성향이 아이와 다르다면 부모는 아이를 더 밀어붙일 가능성이 큽니다. 비슷한 성향을 가진 부모에 비해 아이의 마음을 이해하기가 더 어려울 수 있으니까요. 부모의 조급하고 답답한 마음, 그리고 아이가 잘 자랐으면 하는 간절한 마음 때문에 그랬겠죠.

하지만 아이는 이미 충분히 참을 만큼 참았습니다. 참을 수 있는데 참지 않는 것이 아닙니다. 통증에 예민한 아이는 이미 최대한 버틴 뒤에 부모에게 도움을 요청했을 것입니다. 어떤 아이는 사람 사이에서 오는 스트레스를 참고 참다가, 부모에게 이제는 집에 가자고 요구했을지도 모릅니다.

이때 부모는 아이가 힘들어하는 부분을 공감해 주고, 피할 수 있는 상황이라면 그 상황에서 아이를 벗어나게 해 줘야 합니다.

아이가 이미 충분히 참은 것은 아닐까

부모의 욕심에 예민한 아이를 억지로 스트레스 상황에 둔다면, 앞으로 아이는 비슷한 상황에서 용기를 내기보다는 미리 겁먹고 도망가려 할 것입니다.

아이에게 참아 보라고 말하기 전에 아이가 이미 충분히 참은 것은 아닌지, 아이가 특정 상황에서 버틸 힘이 남아 있는지, 상황을 받아들일 준비가 충분히 되었는지를 먼저 파악해야 합니다. 또한 아이가 받은 자극이 얼마나 큰 지도 확인해야 합니다.

준비가 되지 않은 아이에게 과도한 자극은 정서에 충격을 줍니다. 마음에 충격을 입은 아이는 그 상황을 피하려고만 합니다. 그럼 아이는 예민함을 다루는 법을 영영 배우지 못하게 됩니다. 아직 충분히 준비되지 않은 아이를 억지로 버티게 하는 것보다 피할 수 있을 때 그 상황에서 벗어나게 해 주는 것이 장기적으로 이득입니다.

준비된 상태에서 버틸 수 있는 정도의 자극만을 경험할 때, 아이는 예민해지는 상황에 압도되지 않고 용기를 냅니다.

또한 아이에게 참으라고만 한다면, 아이는 자신의 예민함을 부정적으로 받아들입니다. 무조건 참으라는 말속에는 '이건 꼭 해야 하는 건데 네가 못하는 거야', '이건 누구나 참을 수 있는 건데 너만 못하는 거야'라는 의미가 포함되어 있습니다. 아이는 그 말을 듣고 누구나 할 수 있고 견딜 수 있는데, 자신은 하지 못하는 사실에 실망하게 됩니다.

따라서 특정 상황에서 아이가 힘들어 한다면, 부모는 그 상황을 피해도 되는지 아닌지를 우선 판단합니다. 일에도 우선순위가 있듯 아이가 꼭 해야 하는 것, 한두 번만 해도 되는 것, 안 해도 되는 것이 있습니다. 여기서 꼭 해야 하는 것에만 초점을 두면 됩니다.

예를 들어 아이가 많은 친구와 함께 있는 상황을 불편해한다면 방과 후 활동에 모두 참여할 필요는 없습니다. 꼭 필요한 활동만 골라서 참여하면 됩니다. 인기 있는 강좌라서, 다른 부모들이 좋다고 해서, 아이에게 도움이 될 것 같아서 꼭 필요하지 않은 단체 프로그램에 아이를 보내지도 말아야 합니다.

또 다른 예를 들어 보겠습니다. 미각과 후각이 예민해 편식하는 아이가 있습니다. 부모는 아이가 뭐든지 잘 먹길 바라서 "시금치를 먹어야 뽀빠이처럼 힘이 세진단다"라고 말하며 억지로 아이 입에 시금치를 넣는다고 가정해 봅시다.

과연 시금치를 먹는 게 아이에게 꼭 필요할까요? 그렇지 않습니다. 아이가 시금치를 먹지 않는다고 큰일이 나는 것은 아닙니다. 건강상의 문제가 생길 정도만 아니라면 아이의 취향을 존중하면 됩니다. 아이가 커서 스스로 먹을 수도 있으니 지금 당장 아이에게 시금치를 먹으라고 강요할 이유는 전혀 없습니다(저도 어렸을 때 피망을 먹지 못했습니다. 그 향이 너무 싫었는데 지금은 아주 잘 먹습니다).

아이에게 특정 경험이 꼭 필요하지 않다는 판단을 내렸다면 미련 없이 그 상황에서 아이를 벗어나게 해 주세요. 피할 수 있을 때 피하면 아이는 불필요한 스트레스를 받지 않습니다.

불필요한 스트레스를 줄이면 아이는 점차 안정감을 찾습니다. 편안한 느낌이 들면 다시 시도할 용기를 낼 수 있습니다.

피해도 되는 상황은 피하라

피할 수 있으면 피하는 부모의 태도를 보고 아이는 적당히 거절하는 법을 배웁니다. 예민한 사람이 대인관계에서 거절을 못해 수많은 모임에 끌려다니며 힘들어하는 경우가 많죠? 피할 수 있을 때 피하는 법을 배운 아이는 커서도 거절을 잘할 수 있습니다. 스스로 우선순위를 정하고 불필요한 자극은 제거함으로써 예민함을 관리할 수 있죠.

피할 수 있을 때 피하는 아이는 스스로 상황을 조절할 수 있다는 자신감을 얻습니다. 외부 상황에 끌려다니지 않고 주체적으로 문제를 해결합니다. 남에게 피해를 주지 않는 선에서 스스로 선택하며, 누구의 눈치도 보지 않고 당당하게 자신의 삶을 살게 됩니다.

아이에게 참고 견디라고만 말하지 마세요. 참는 것만이 능사가 아닙니다. 피할 수 있을 때 피하는 것도 능력입니다. 또한 '네가 노력이 부족해서', '의지가 약해서'라고 말하는 것도 절대 안 됩니다. 노력과 의지의 문제가 아니라 타고난 성향이 다른 것입니다.

그러니 다른 사람의 시선에 예민한 아이에게 억지로 사람들 앞에서 손 들고 발표하라는 눈치를 주지는 맙시다. 부모가 아이에게 알려줘야 할 것은 '예민함을 참고 극복하는 법'이 아니라 '예민함을 조절하는 방법'입니다.

예민함을 조절하는 방법의 하나가 피할 수 있는 상황을 피하는 것입니다. 피할 수 있을 때 당당히 피할 수 있는 아이로 자라게 해 주길 바랍니다(물론 피할 수 없는 경우도 있습니다. 그럴 때는 어떻게 해야 할지 4장에서 설명하겠습니다).

무조건 참으라는 부모의 말을 들은 아이는
자신의 예민함을 부정적으로 받아들이게 됩니다.

피할 수 있으면 피하는 부모의 태도를 보고
아이는 적당히 거절하는 법을 배우게 됩니다.

스스로 우선순위를 정하고 불필요한 자극은 제거함으로써
예민함을 관리하게 됩니다.

완벽하기보다는
끈기 있게

3장의 내용을 한번 정리해 봅시다. 예민한 아이는 잘못한 게 없기에 아이를 예민하지 않은 아이로 바꾸는 것은 양육의 목표가 될 수 없다고 했습니다. 그저 부모의 역할은 아이가 예민함을 다룰 수 있도록 도와주는 것입니다.

아이에게 안정감을 주고 아이의 변화 속도에 맞추다 보면 아이는 조금씩 자신의 예민함을 조절해 나갑니다. 이때 부모 욕심에 아이를 밀어붙이지는 않는지를 살피고 반드시 해야 하는 게 아니라면 아이가 하지 않아도 괜찮다는 태도를 보여 줘야 합니다.

이 모든 내용은 예민한 아이를 대하는 부모의 마음가짐과 자세에 관한 것입니다. 구체적인 양육 기술, 상황과 연령에 맞는 대처법보다 부모의 마음가짐과 자세가 중요합니다. 올바른 마음가짐과 자세를 부모가 지니고 있다면 다양한 양육 기술과 대처법을 적절하게 사용할 수 있습니다. 아이의 타고난 특성을 존중하는 태도를 보인다면 양육 방법은 다르더라도 올바른 양육에서 크게 벗어나지 않습니다.

있는 그대로의 아이 모습을 받아들이는 자세와 태도는 부모라면 누구나 가질 수 있습니다. 특별하거나 어려운 기술이 필요하지도 않습니다. 완벽한 부모만이 할 수 있는 것은 절대 아니죠. 부모가 완벽하지 않아도 아이에게 안정감을 주고 조급해하지 않으며 현명하게 대처할 수 있습니다. 오히려 완벽한 부모가 되어야 한다는 부담감에 부모는 불안하고 조급해져 일을 그르치기 쉽습니다.

아이의 속도에 알맞은 걸음으로

양육은 단기전이 아니라 장기전입니다. 부모와 아이가 함께 뛰는 마라톤입니다. 마라톤을 완주하려면 페이스 조절이 필요하듯, 아이의 속도를 확인하고 부모 자신의 마음도 잘 살펴야 합니다. 또한 마라톤에서 한 걸음을 내딛을 때마다 자세와 호흡을 매번 신경 쓰며 달리지 않듯, 작은 일 하나하나에 일희일비하지 않아야 합니다.

하루하루 한 걸음씩 아이와 함께 나아가는 부모라면 그것으로 충분합니다. 다른 아이들과 비교하지 않고 아이만의 속도에 맞춰 같이 걸어갈 수만 있으면 됩니다. 부모가 너무 앞서면 아이는 지치고, 부모가 오히려 뒤처지면 아이는 앞으로 나가지 못합니다. 적당한 속도와 거리를 유지하면서 아이와 함께 앞으로 나아가면 됩니다.

결국 부모에게 필요한 것은 기술이 아닌 끈기입니다. 똑똑한 머리보다 대범한 마음이 중요합니다. 조급함과 불안감을 버리고 평안한 마음을 아이에게 전달해 주세요.

종종 둘이 함께 걸어온 길을 되돌아보며 얼마나 멀리 나아갔는지 아이와 같이 기뻐할 수 있다면 여러분은 충분히 좋은 부모입니다.

있는 그대로의 아이 모습을 받아들이는 자세와 태도는
부모라면 누구나 가질 수 있습니다.
특별하거나 어려운 기술이 필요하지 않습니다.

부모에게 필요한 것은 기술이 아닌 '끈기'입니다.
똑똑한 머리보다 '대범한 마음'이 중요합니다.
조급함과 불안감을 버리고 평안한 마음을
아이에게 전달해 주세요.

예민한 아이 부모를 위한 마음공부

셋

✔ 아이가 지닌 성향을 존중한다는 의미를 담아 '있는 그대로의
네 모습을 사랑할 거야'라는 메시지를 아이에게 전달하세요.

✔ 아이에게 안정감을 주세요. 가장 쉬운 방법은 눈 맞춤과
스킨십을 자주 하는 것입니다. 아이의 눈을 보고 웃어 주세요.

✔ 아이의 변화 속도가 빠르지 않더라도 조급해 하지 말고
차분하게 기다려 주세요. 다른 아이들과 비교하지 않고
아이만의 속도에 맞춰 같이 걸어갈 수만 있으면 됩니다.

✔ 아이에게 참아 보라고 말하기 전에 아이가 이미 충분히
참은 것은 아닌지, 아이가 특정 상황에서 버틸 힘이 남아 있는지,
상황을 받아들일 준비가 충분히 되었는지를 먼저 파악합니다.

✔ 완벽하기보다 끈기 있게 나아가세요. 하루하루 한 걸음씩
아이와 함께 나아가는 부모라면 그것으로 충분합니다.

4장

예민함을
재능으로
키우는 법

— 이제까지 예민한 아이를 대하는 부모의 바람직한 태도에 관해 알아보았습니다. 마지막 단계로 예민한 아이를 키우는데 유용한 양육법까지 익히면 기초부터 응용까지 모두 다룬 셈이 됩니다. 단, 여기서 말하는 양육법은 절대불변의 법칙이 아닙니다. 자신만의 양육법을 찾는 데 도움이 되는 지침 정도로 생각하면 됩니다.

예민한 아이를 키우는 데에도 반드시 지켜야 할 대원칙과, 상황에 맞게 변형이 가능한 부분이 있습니다. 앞서 살펴본 예민함을 긍정적으로 바라보는 관점과 예민한 아이를 대하는 올바른 마음가짐과 자세는 예민한 아이를 둔 부모 모두가 지녀야 합니다.

이에 반해 구체적인 양육법은 각 상황과 아이의 특성에 맞게 응용하고 변형해서 사용할 수 있어야 합니다. 오히려 다른 사람이 제안한 양육법을 비판 없이 그대로 따라 하면 성공하기 어려울뿐더러 부작용이 나타나는 법입니다.

4장의 최종 목표는 여러분만의 방법을 스스로 찾도록 돕는 것입니다. 예민한 아이를 대하는 올바른 태도를 잃지 않는 한 틀린 방법이란 없습니다. 창의력을 마음껏 발휘하다 보면 아이에게 딱 맞는 방법도 여러분 스스로 생각할 수 있습니다. 이 책에서 제시된 구체적인 방법을 바탕으로 여러분의 아이에게 도움이 될 만한 양육법을 고민해 보세요.

섬세하게 관찰하고
물어본다

예민한 아이를 이해하려면 섬세하게 관찰하고 아이에게 물어봐야 합니다. 관찰하지 않으면 아이가 불편한 이유를 알 길이 없습니다. 물어보지 않으면 오해의 소지도 생기죠.

다시 말해, 관찰하고 물어보라는 것은 아이의 예민한 특성에 관심을 두고 이를 이해하도록 노력하라는 의미입니다.

눈앞에 보이는 아이의 모습을 유심히 관찰해 봅시다. 아이가 언제 불편해하는지, 아이가 무엇에 자극을 받는지 살펴봅시다. 특정 상황에서만 그렇다면 아이에게 불편감을 유발하는 요인을 쉽게 찾을 수 있습니다.

하지만 많은 경우 부모가 꼼꼼히 살펴보아야만 아이가 예민해지는 이유를 비로소 알 수 있습니다. 아이가 불편해하는 이유를 알아야 부모는 문제를 해결하거나 아이에게 적절히 반응해 줄 수 있습니다.

부모가 관찰하면서 기억해야 할 것

아이를 관찰할 때 부모에게 도움이 되는 몇 가지 팁이 있습니다. 첫째, 아이의 눈높이에서 상황을 바라보아야 한다는 것입니다. 목욕하기 싫어하는 아이가 있다면 왜 그런지를 아이의 관점에서 바라봅니다.

바닥이 미끄러워서 넘어질까 봐 무서울 수 있습니다. 물의 온도에 예민해서 목욕하기 싫을 수도 있습니다. 물이 흐르는 소리나 배수구로 물이 빠지는 소리에도 자극을 받을 수도 있죠. 욕실에서 울리는 소리가 싫을 수도 있고, 물에 빠지지 않을까 하는 두려움에 그럴 수도 있습니다.

이유야 다양하겠지만 '왜 그럴까?'를 생각하려면 아이의 입장에서 바라보아야 한다는 사실에는 변함이 없습니다. 부모에게는 아무렇지도 않아 보여도 아이는 깜짝깜짝 놀라며 예민하게 반응할 수 있습니다.

둘째, 아이를 관찰하는 도중에 섣부르게 개입하지는 마세요. 대부분 충분히 관찰하고 이후에 개입해도 늦지 않습니다.

어린이집에 처음 가서 불안해하는 아이라면 "괜찮아, 아무것도 아니야"라고 말하기 전에 "△△야, 왜 그러니? 뭐가 무서울까?"라고 먼저 물어봐 주세요.

물론 아이가 매우 힘들어 한다면 부모가 바로 "괜찮아"라고 말하면서 안아 줘야 할 수도 있겠지만, 대부분은 "왜 그럴까?"라고 관심을 보이는 것만으로도 아이에게 안정감을 줍니다.

다른 예로 만약 아이가 어린이집에서 처음 본 친구에게 한마디도 하지 못할 때, 억지로 말하라고 시키기보다는 불편한 점을 물어봐 주고 아이가 안정될 때까지 기다리는 것이 우선입니다.

마지막으로 아이가 보이는 비언어적 표현에 주목하세요. 아이가 말하는 내용도 중요하지만 아이의 표정과 몸짓, 자세를 관찰할 수 있어야 합니다.

아이가 "괜찮아요"라고 말하더라도 불안한 표정과 위축된 모습을 보인다면 아이는 마음이 편하지 않은 것입니다. 특히 일반적으로 첫 낱말이 나오는 12개월 미만의 아이는 비언어적 방법으로만 의사소통을 할 수 있습니다.

말이 늦은 아이라도 울음, 불면, 짜증, 굳은 표정, 악몽, 신체 증상 등을 잘 관찰하면 아이를 이해할 수 있습니다. 따라서 말하지 않아도 드러나는 것에 관심을 두어야 합니다.

관찰했다면 구체적으로 질문하라

관찰한 이후에는 아이에게 물어봐야 합니다. 똑같은 옷만 입으려는 아이에게는 그 옷이 왜 그렇게 좋은지 물어봅니다. 다른 옷을 입힐 때 아이가 싫어한다면 그때도 물어보세요. 옷의 색, 촉감, 모양 때문에 그런지, 아니면 그 옷이 싫은 특별한 의미가 있는지를요. 단지 변화를 싫어하는 아이일 수도 있습니다.

특정 음식을 먹지 않을 때도 마찬가지입니다. 향이 싫은지, 음식의 색이나 모양, 또는 식감이 싫은지 아이에게 물어봅니다. 음식을 씹을 때 나는 소리나 같이 들어간 재료 때문일 수도 있습니다. 혹은 음식

외적인 요인으로 충치나 속 쓰림이 있을 수도 있겠죠.

아이가 불편해한다면 "뭐가 우리 △△를 그렇게 힘들게 할까?", "왜 그럴까? 엄마는 궁금하네"라고 아이에게 물어보세요. 아이의 예민함에 관심을 두고 어떻게 불편한지를 부모가 물어봐 주면 아이도 그 상황을 더 잘 이해할 수 있습니다. 자신이 어떤 상황에서 무엇 때문에 힘들어하는지 생각합니다. 그렇게 아이는 자신의 예민함을 점점 이해하게 됩니다.

부모가 아이에게 무엇이 불편한지를 물어보면 아이는 불편함을 표현하는 게 잘못이 아니라는 점도 배우게 됩니다. 아이가 예민해서 불편할 때 그 사실을 숨기지 않고 적극적으로 대응하는 태도를 배우죠. 그럼 아이는 커서도 어려운 점을 솔직하게 이야기할 수 있습니다. 예민함에서 오는 고통을 억지로 참지 않아도 됩니다. 예민함에서 오는 불편감을 조절할 수 있도록 다른 사람에게 도움을 당당하게 요청할 수도 있습니다.

무엇인가를 모를 때 물어보는 것은 자연스러운 일입니다. 다만 부모와 아이 관계에서는 지레짐작하는 경우가 꽤 많습니다.

'이 아이는 이런 상황에서는 원래 그래', '예전에도 그랬으니 이번에도 그럴 거야'라는 생각에 물어보지 않고 바로 아이에게 필요한(혹은 필요하다고 생각되는) 일을 부모가 대신해 주기 쉽습니다.

하지만 부모가 지레짐작하면 아이는 이를 '원래 이런 아이니 어쩔 수 없어'라는 부모의 무관심과 체념으로 잘못 받아들일 수 있습니다. 또한 지레짐작하고 아이에게 물어보지 않으면 아이는 솔직하게 표현하지 못할 수도 있습니다.

참기 힘들면서도 참을 수 있다고 말할지도 모릅니다. 그럼 아이의 불안감이 해결되지 않고 쌓이기만 합니다. 그러다 어느 순간 한 번에 폭발하기도 해서 부모, 아이 모두 놀라고 당황합니다.

묻지 않으면 생기는 오해

아이에게 물어보지 않고 무조건 "아니야, 힘든 거 아니야"라고만 말하는 것도 역효과를 낳습니다. 아이는 특정 상황에서 자신이 어떻게 느끼는지를 생각해 볼 기회를 잃게 됩니다. 왠지 아이 자신이 잘못하고 있다는 느낌을 받을 수도 있습니다. 이는 앞에서 말한 성급하게 개입하지 말라는 내용과 같은 맥락에서 이해할 수 있습니다.

아이를 유심히 관찰하고 아이가 어떻게 느끼는지, 무엇을 힘들어하는지 물어보세요. 관찰하고 질문하면 아이를 점점 이해할 수 있게 되고, 아이를 이해하는 만큼 부모는 덜 불안해집니다. 아이가 힘든 이유를 알수록 부모는 그 상황을 해결할 수 있다는 자신감을 얻습니다. 그러면 부모의 평온하고 여유 있는 마음이 아이에게도 전달됩니다.

아이는 관찰하고 질문하는 부모의 태도를 보고 배웁니다. 예민함에 관심을 두고 이해하려는 부모의 마음가짐과 상황을 객관적으로 파악하는 방법을 배우죠.

아이는 부모를 통해 자기 자신을 어떻게 바라볼지, 예민함을 어떻게 다룰지를 터득하게 됩니다. 예민함이란 특성을 부정적으로 바라보지 않고 호기심 어린 눈으로 바라보게 될 때 아이는 자신을 성찰하고 탐구하기 시작합니다.

아이의 눈높이에서 상황을 바라보아야 합니다.

아이를 관찰할 때 섣부르게 개입하지는 마세요.

아이가 보이는 비언어적 표현에 주목하세요.

아이는 관찰하고 질문하는 부모의 태도를 보고 배웁니다.

아이는 자기 자신을 어떻게 바라볼지,

예민함을 어떻게 다룰지를 터득하게 됩니다.

딱 하나 챙긴다면
공감이다

예민한 아이 마음속에는 대부분 불안이라는 감정이 있습니다. 이때 부모는 아이가 불안하다는 사실에 '공감'해야 합니다.

부모가 갑자기 사라지면 어쩌지라는 생각에 불안해하는 나희라는 아이가 있었습니다. 나희는 죽음의 개념을 서서히 인식하면서 부모도 죽을 수 있다는 사실에 불안해했습니다. 나희에게 "죽는 건 무서운 게 아니란다. 누구나 죽을 수 있어"라고 말하는 것이 과연 위로가 될까요?

천둥소리를 무서워하는 아이에게 "천둥소리는 그냥 하늘에서 구름이 부딪칠 때 나는 소리야. 무서워할 필요가 없어"라고 말해도 불안을 줄이는 데는 큰 도움이 되지 않습니다. 부모의 객관적인 설명과 판단만으로는 아이의 불안을 다루어 줄 수 없기 때문입니다.

까다로운 입맛을 가진 아이라면 낯선 음식은 두려움의 대상입니다. 어떤 아이들은 그림자나 거미, 벌레를 보고 불안해합니다. 심지어 바람 소리에도 놀라 울기도 하죠. 현실에서 마주친 낯선 사람은 물론 상상 속 괴물도 무서워합니다.

완벽주의 성향의 아이는 무언가가 자신의 마음대로 되지 않으면 크게 좌절합니다. 이때 아이가 느끼는 두려움, 불안감, 무서움, 좌절감은 거짓이 아닙니다.

아이는 실제로 두려워하고 불안해하며 무서워하고 좌절합니다. "그거 먹어도 괜찮아", "그건 무서워할 게 아니야", "귀신같은 건 없어", "그거 못한 거 아닌데"라는 부모의 판단이 담긴 설명은 아이에게 도움이 되지 않습니다.

부모 눈에는 아이가 무서워하고 두려워하는 모습이 이성적이거나 논리적으로 보이지 않을 수 있지만 아이는 실제로 그렇게 믿고 느낍니다. 원래 자라나는 아이는 어른처럼 이성적이지도 논리적이지도 않습니다. 상황을 객관적으로 파악하고 이해하는 능력은 아직 미완성 단계입니다. 무서워하지 않아도 될 것을 무서워하고, 두려워하지 않아도 될 것을 두려워합니다. 그렇기에 부모가 아무리 합리적인 근거와 이유를 들어 아이에게 설명해도 아이는 받아들이지 못하고 여전히 불안해하는 것이죠.

아이의 마음에 공감하는 좋은 부모

앞서 불안한 아이에게는 우선 안정감을 주어야 한다고 했습니다. 이런 아이에게 안정감을 전달하는 방법으로는 판단과 설명보다는 공감과 격려가 효과적입니다.

공감과 격려를 해주어 아이가 안정된 뒤에 상황을 객관적으로 설명해도 늦지 않습니다. 특히 아이가 어릴수록, 아이가 더 많이 불안해할수록 편치 않은 마음을 먼저 다루어 줘야 합니다. 부모가 아이 마음에 공감하고 아이를 격려하는 구체적인 방법은 무엇일까요?

부모는 아이에게 두려움과 무서움, 불안함이란 '감정을 느끼는 것이 이상한 것이 아니다'라는 점을 먼저 알려 주어야 합니다.

"△△는 엄마가 사라질까 봐 무섭구나? 정말 그럴 거 같아. 엄마도 △△랑 헤어지면 슬플 거 같거든"처럼 아이가 느끼는 감정을 인정해 줄 수 있습니다. "아빠도 어렸을 때 천둥소리를 많이 무서워했어. 그래서 △△처럼 이불 속에 숨기도 했단다"라고 비슷한 경험을 했다고 말해도 좋습니다.

불안이란 감정이 꼭 나쁘지만 않다는 사실도 아이에게 전달할 수 있습니다. "엄마랑 헤어질까 봐 미리 걱정하는 걸 보니까 △△는 엄마를 참 사랑하나 보다. 엄마도 똑같은 마음이야"라고 불안한 아이 마음속에 부모를 향한 사랑이 있다는 점을 말해 주세요.

낯선 물건을 만지는 걸 두려워하는 아이에게는 "우리 △△는 조심성이 참 많구나"라고 이야기할 수도 있습니다. 아이가 불안해한다는 것은 그만큼 무엇인가에 애정이 깊거나, 자신을 보호하고 싶거나, 무엇인가를 잘 해내고 싶기 때문이라는 점을 부모가 찾아서 아이에게 가르쳐 줄 수 있는 것이죠.

단, 공감과 격려는 진실해야 합니다. 절대로 거짓말을 하면 안 됩니다. 예를 들어 병원에 가서 주사 맞는 것을 유달리 힘들어하는 아이에게 "주사 하나도 안 아플 거야"라는 말은 피해야 합니다. 주삿바

늘이 몸에 들어갈 때 전혀 아프지 않은 사람은 없습니다. "잠깐 따끔할 거야. 근데 금방 끝날 거야"라고 말하는 편이 낫습니다. 물론 아이가 주사 맞기 싫다고 발버둥칠 수 있지만 그래도 거짓말을 하지 말아야 합니다. 아이가 부모의 말이 거짓이라는 것을 알게 되면, 그 어떤 위로와 격려를 더는 믿지 않게 될지도 모르니까요.

조금 다른 이야기지만 여러분에게 한 가지 꼭 전달하고 싶은 내용이 있습니다. 바로 '칭찬하는 법'입니다. 칭찬 또한 공감과 격려처럼 항상 진실되어야 합니다. 거짓으로 칭찬하면 아이는 자신을 있는 그대로 보지 못하게 됩니다.

간혹 어떤 부모는 아이에게 용기를 주려고 아이가 뭐든지 잘할 수 있다고 말하기도 합니다. 그러나 다른 사람 앞에서 서는 것을 어려워하는 아이에게 "우리 △△가 원래는 다른 사람 앞에서 발표도 잘할 수 있잖아, 오늘만 좀 힘들어하는 거야?"라고 말하면 아이에게 용기보다 부담을 줄 수 있습니다. 아이가 어려워할 때 거짓으로 잘한다고 말할 필요는 없습니다. 아이가 힘들어하는 점을 공감해 주는 편이 훨씬 낫습니다.

"오늘 다른 사람 앞에서 발표하려니까 많이 긴장했구나? 괜찮아, 나중에 좀 더 연습해서 다시 시도해 보자. 준비되었다고 느낄 때 다시 해도 돼"라는 공감과 격려가 아이에게 더 큰 용기를 줍니다. 비슷한 맥락에서 "넌 무조건 잘할 테니까 걱정하지 않아도 돼"라는 말도 피해야 하죠. 못하면 안 된다는 압박만 받게 됩니다.

그런데 어떤 부모는 "아이에게 칭찬할 게 정말로 없는 걸요"라고 하소연하기도 합니다. 칭찬할 게 없지만 어떻게든 칭찬하려고 거짓말을 하기도 한다고요. 그때 저는 이렇게 말합니다.

"칭찬할 만한 일이나 행동은 저절로 보이는 것이 아니라 적극적으로 찾아볼 때 비로소 보이는 겁니다."

부모가 아이를 잘 관찰해서 아이의 긍정적인 변화나 강점을 먼저 알아봐 주어야 비로소 칭찬할 점이 보입니다. 부모 누구나 아이가 시험에서 만점을 맞으면 아이를 칭찬하겠죠. 그런데 점수에 연연해서 칭찬하는 것은 올바른 방법이 아닙니다. 이전 시험에서 60점이었는데 이번에는 70점이라도 아이를 칭찬할 수 있어야 합니다.

한 달 전에 시도조차 못했던 걸 이번에는 시도했다면 이 또한 칭찬해 줄 수 있겠죠. 어린이집에서 다른 아이 곁에 있는 걸 힘들어 했는데 이제는 다른 친구가 노는 모습을 옆에서 지켜볼 수만 있다면 그변화를 먼저 알아봐 주길 바랍니다.

다른 아이 앞에 나서는 걸 어려워하는 아이에게는 "△△는 자기주장을 내세우기보다 잘 들어주는 아이야"라고 강점을 찾아 말해 줄 수도 있습니다.

변화를 싫어하는 아이에게는 "△△는 참 끈기가 있어. 한번 하면 끝까지 하려고 하니까 말이야"라고 말해도 좋습니다.

거짓말은 하지 않고도 아이의 변화된 모습과 강점을 찾아 칭찬하는 게 부모의 역할입니다. 아이를 세심히 관찰하고 적극적으로 아이의 긍정적인 면을 찾으려고 노력할 때 비로소 부모는 좋은 칭찬을 할 수 있습니다.

섣부른 위로가 아닌 진실된 공감

그럼 여러분에게 한 가지 퀴즈를 내보겠습니다. 만약 전쟁이 일어날 것을 두려워하는 아이에게는 어떻게 말하면 좋을까요? "아무 일도 없을 거니까 걱정하지 마"라고 말할 건가요? 섣부른 위로는 아이에게 도움이 되지 않는다고 했고, 아이의 불안이란 감정을 먼저 다뤄주어야 한다고 했으니 좋은 예는 아닌 것 같네요.

그럼 "전쟁이 일어나도 △△는 괜찮을 거야"는요? 전쟁이 일어나도 괜찮은 사람은 아무도 없을 테니 이 말 역시 적절해 보이지 않습니다. 아마도 부모의 괜찮은 반응은 이러할 테죠.

"△△는 혹시라도 전쟁이 일어날까 봐 걱정하는구나? 그래, 전쟁이 일어나면 사람들이 많이 다치고 가족들과 헤어지기도 하니까 아빠도 많이 무서울 거 같아. 근데 △△는 갑자기 왜 그런 생각을 했을까?"

이 정도로 아이에게 말해주면 나쁘지는 않을 것입니다. 아이의 불안한 마음을 읽어 줬고, 아이에게 불안한 이유도 물어봤으니까요. 그 뒤에 아이의 궁금증을 아이가 이해할 수 있을 정도로만 간단히 설명하면 꽤 괜찮은 반응입니다.

상황마다 정해진 답은 없습니다. '판단보다는 공감으로', '격려와 칭찬을 하되 거짓으로는 하지 말자'라는 큰 원칙에서 벗어나지만 않으면 어떤 방법을 써도 괜찮습니다.

지금까지 해온 자신의 말과 행동을 곰곰이 되돌아보세요. 혹시라도 고칠 점이 보인다면 조금씩 고쳐 나가면 됩니다. 부모가 무심코 던진 말 한마디, 행동거지 하나에도 아이는 귀를 쫑긋 세우고 유심히 관찰하고 있다는 사실, 잊지 마세요.

예민한 아이에게 불안한 감정을 느끼는 것이
'이상한 것이 아니라'는 점을 알려 주어야 합니다.

부모가 아이를 잘 관찰해서
아이의 긍정적인 변화나 강점을 먼저 알아봐 주세요.
칭찬할 만한 일이나 행동은 저절로 보이는 것이 아니라
적극적으로 찾아볼 때 비로소 보입니다.

내 아이를 판단하기보다는 공감하고,
아이에게 거짓되지 않은 격려와 칭찬을 해 주세요.

피할 수 없다면
환경을 만든다

부모가 예민한 아이를 대할 때 '피할 수 있다면, 피한다'라는 태도를 가져야 한다고 했습니다. 하지만 아이가 하기 싫어 해도 해야만 하는 상황에서는 어떻게 할까요?

예를 들면 차 탈 때 안전벨트 매기, 혼자서 화장실 가기, 새로운 학교에 가기, 친구와 함께 숙제하기, 중요한 가족 모임 참석하기 등의 상황에서 말입니다.

아이는 이런 상황을 경험해야 기본 생활 습관과 사회관계를 형성할 수 있습니다. 또한 불편한 상황을 겪으면서 예민함을 다루는 방법도 배웁니다. 만약 아이가 이 모든 상황을 피하기만 하면 예민한 감각은 더 예민해지고 불안감은 커지게 됩니다. 그리고 회피하는 일에 익숙해지면 나중에 도전하기란 더 어렵겠죠.

따라서 부모는 적절한 시점에 아이가 다양한 상황을 경험할 수 있도록 격려해야 합니다. 아이가 경험을 해야 어느 정도까지 예민함을 다룰 수 있는지 스스로 확인할 수 있습니다.

이전에는 견디기 힘들었던 상황도 이제는 감당할 수 있다는 확신이 들면 아이는 자신감을 얻고 그 상황을 점점 피하지 않게 됩니다. 그리고 더 많은 경험을 하며 예민함을 능숙하게 다루게 됩니다.

아이가 견딜 수 있는 환경을 조성하라

아이가 불편한 경험을 해야 할 때, 부모는 아이가 부정적인 감정을 견딜 수 있도록 환경을 만들어 주어야 합니다. 그리고 그 환경을 만드는 방법의 하나는 아이가 받을 자극의 양과 정도를 조절하는 것입니다.

예를 들어 소리에 민감해 차 타기를 어려워하는 아이에게 귀마개나 헤드폰을 씌어 주어 그 자극을 줄여줍니다. 만약 아이가 진동에 예민하다면 푹신한 방석 위에 아이를 앉힐 수도 있습니다. 어둠을 무서워하는 아이라면 방에 작은 조명을 켜 놓습니다. 그래서 아이가 잠에서 깨도 놀라지 않도록 합니다.

사람 많은 곳에서 긴장하는 아이에게는 잠시 바람을 쐬고 오게 해줍니다. 부모가 자극을 조절해 주지 않은 채, 어쩔 수 없는 상황이니 아이에게 무조건 참으라고만 하면 아이는 지치게 됩니다.

아이가 견딜 수 있는 환경을 만드는 또 다른 방법은 단계적으로 아이를 상황에 노출시키는 것입니다. 부모와 헤어지는 상황, 낯선 사람과 함께 있는 상황을 무서워하는 아이를 어린이집에 보낼 때, 처음에는 어린이집에서 부모가 아이와 함께 시간을 보냅니다.

이때는 아이가 새로운 환경에 있는 것만으로도 충분합니다. 절대 아이에게 낯선 선생님, 친구들과 함께 놀라고 강요하지 마세요. 아이가 만약 새로운 공간인 어린이집을 편안하게 느끼기 시작했다면, 선생님과 친구들 곁에 조금씩 다가갈 수 있도록 도와주세요. 그리고 부모는 서서히 아이와 거리를 두고 떨어지는 시간을 늘리면 됩니다.

아이가 특정 동물을 무서워한다면 특정 동물 인형을 가지고 놀게 하거나 그 동물 사진이나 동영상부터 보게 하는 방법이 있습니다. 청각에 예민한 아이라면 작은 소리부터 단계적으로 들려 주는 방법 등이 있습니다. 먹기 힘들어하는 식재료가 있다면 처음에는 갈아서 먹이다가 점점 그 크기를 늘리는 것도 같은 원리입니다.

아이가 두려워하는 실제 대상과의 유사성, 아이가 받을 자극의 강도 등을 고려해서 아이가 차근차근 적응하도록 도와주면 됩니다.

적당히 어려운 과제를 주어라

인지 발달 이론 중에 아이 혼자서는 해결할 수 없으나 남의 도움을 받으면 풀 수 있는 과제를 아이에게 줄 때 아이의 인지 발달이 촉진된다는 개념이 있습니다. 이를 근접 발달 영역(zone of proximal development)이라 합니다. '너무 쉽지도 않고 너무 어렵지도 않은' 적당한 자극을 경험하면서 아이가 배워 나간다는 것이죠. 이 개념을 예민한 아이에게도 적용할 수 있습니다.

부모가 도와주면 해낼 수 있는 약간 어려운 수준의 자극을 과제로 아이에게 주는 것입니다. 친구들의 시선을 불편해하는 아이에게 대규모 단체 활동 대신 자극이 적은 소규모 활동을 하게 하면 그 상황에 압도당하지 않으면서도 친구들 사이에서 느끼는 불편감을 서서히 다룰 수 있습니다.

마지막으로 아이가 부정적인 감정 대신 긍정적인 감정을 느끼도록 하는 방법이 있습니다. 아이가 물을 무서워한다면 놀이용 물감이나 장난감을 이용해 얕은 물에서 재미나게 놀 수 있도록 합니다.

그림자를 무서워하는 아이라면 손전등으로 그림자 놀이를 할 수도 있습니다. 어린이집에서 부모를 계속 찾는 아이에게는 애착 인형을 줄 수도 있죠.

많은 친구와 함께 있을 때 긴장하는 아이는 익숙한 친구 옆에 앉게 해 줍니다. 아이가 촉각에 예민하다면 여러 재질의 장난감으로 갖고 놀이를 하거나 부모와 서로 마사지를 해주는 것도 좋습니다.

맛과 향, 식감에 민감해 특정 과일을 먹지 않는 아이라면 아이가 좋아하는 잼을 빵에 바르고 그 사이에 과일을 잘게 잘라 넣어 줄 수도 있죠. 또는 요리 준비를 아이와 같이하면서 특정 재료에 대한 부정적인 감정을 즐거운 경험으로 대체할 수도 있겠네요.

자연스러운 상황을 만들어 사람의 행동을 변화시키는 것을 '넛지 효과(nudge effect)'라고 합니다. 코로나 시대에 거리 두기를 사람들에게 강요하기보다 줄 서는 공간에 1미터 간격으로 발자국을 그려서 사람들이 자연스럽게 떨어져 있게 만드는 예가 그렇습니다.

예민한 아이를 둔 부모도 넛지 효과를 이용할 수 있어야 합니다. 강압적인 방법이 아닌 자연스럽게 아이가 변화할 수 있도록 환경을 만들어 주세요.

예민한 아이가 견딜 수 있는 환경을 만들어 주려면

아이가 받을 자극의 양과 정도를 조절합니다.

단계적으로 상황에 노출시킵니다.

예민한 아이를 둔 부모도 넛지 효과를 이용해야 합니다.

강압적인 방법이 아닌 자연스럽게

아이가 변화할 수 있도록 환경을 만들어 주세요.

미리미리 준비하고
연습한다

예민한 아이 대부분이 변화를 싫어합니다. 자신이 만들어 놓은 규칙에서 벗어나거나 낯선 환경에 적응하기 어려워합니다. 익숙하지 않은 것에 반감을 보이며 짜증을 내기도 합니다.

낯선 사람을 맞닥뜨릴 때, 예고 없이 스케줄이 변했을 때, 즐기고 있는 활동을 갑자기 못하게 될 때, 물건의 정해진 위치가 바뀌어 있을 때 예민한 아이는 쉽게 지치고, 더 피곤해하고, 불안해합니다. 정해진 규칙에서 벗어날 때의 불편감과 새로운 환경에서 오는 이질감을 더 크게 느끼기 때문이죠. 혹여나 부모가 조급한 마음에 아이를 재촉하기라도 하면, 아이는 더 많은 스트레스를 받고 울며 떼쓰고 소리를 지르기도 합니다.

예민한 아이, 특히 새로운 상황에 적응하는 걸 어려워하는 아이는 약간의 예행 연습이 필요합니다. 충분한 시간을 두고 미리 상황을 대비하면 아이는 덜 당황하고 불안해합니다. 좀 더 수월하게 그 상황을 받아들여서 부모와 아이 모두 편안해집니다.

예민한 아이에게 준비 과정은 필수

간단한 예를 들어 볼까요? 해외여행을 갈 때 예민한 아이에게는 세심한 준비가 필요합니다. 외부 환경에 예민한 아이는 생활 리듬이 불규칙해지기 쉽습니다. 바뀐 수면 환경과 시차 적응에 애를 먹고 쉽사리 잠들지 못합니다. 여행지에서만 힘든 것이 아니라 귀국해서도 생활 리듬을 되찾는 데 오랜 시간이 걸립니다.

여행을 가기 전부터 잠들고 일어나는 시간을 조금씩 조정해 놓을 필요가 있습니다. 현지 시간에 맞게 신체 리듬을 미리 조금씩 변화시켜 놓습니다. 또한 시차 적응과 수면에 도움이 되는 안대나 평소 사용하는 베개를 가져가도 좋습니다.

친구 무리에 있는 걸 어려워하는 아이에게도 준비가 필요합니다. 모임의 대략적인 참석 인원수와 머물러야 하는 시간을 아이에게 미리 알려 줍니다. 모임에 참석했을 때 아이가 시도할 행동 목표를 구체적으로 정합니다. 모임에서 30분만 있어 보기, 친구에게 손 인사 건네기 등 아이가 편히 할 수 있는 것부터 시작하면 됩니다.

새로운 친구에게 말을 건네기 어려워한다면 구체적으로 어떤 말을 할 수 있을지 부모와 함께 상의하고 연습해 봅니다. 거울을 보고 연습해도 되고 간단한 인사말을 미리 써도 됩니다. 인사 대신 친구에게 줄 간단한 선물을 준비해도 좋습니다.

외출하기 전에 아이에게 일정을 미리 알려 주는 것만으로도 변화에 대한 아이의 저항감을 줄일 수 있습니다. 아이가 마음의 준비를 하고, 예측하는 만큼 변화에 덜 불안해하고 덜 저항합니다. 특정 상황 자체보다 상황이 '예상치 못하게' 변했을 때, 아이는 더 힘들어하기 때문입니다.

예를 들어 블록 맞추기를 아주 좋아하는 아이에게 블록 맞추기를 중간에 그만두라고 하는 일은 쉽지 않습니다. 놀이 중간에 갑자기 나가자고 하면 "이것만 다 하고"라며 떼를 쓸 수도 있습니다. 블록 놀이를 시작하기 전에 나가야 하는 시간을 미리 아이에게 알려 주고, 외출 전까지 시간이 충분히 남아 있지 않다면 처음부터 시간 내에 끝날 수 있는 간단한 놀이를 선택해 줍니다.

시간 개념이 발달하지 않은 아이라면 몇 분 뒤에 나갈 거라고 말하는 대신 "여기까지만 하고 나갈 거야"라고 구체적으로 종료 시점을 알려 줍니다.

특히 병원을 가는 일처럼 아이는 싫어하지만 피할 수 없는 상황이라면 아이에게 미리 알리는 게 더욱 중요합니다. 병원에 가야 하는 이유를 간단하게 설명하고 병원에서 뭘 할지도 알려 줍니다. 인형으로 상황극을 만들어 의사를 만나는 예행 연습을 해도 좋습니다.

부모의 말을 들은 아이가 병원에 가기 싫다고 울고 떼써서 부모는 미리 말한 걸 후회할 수도 있습니다. 하지만 아이는 피할 수 없는 상황이 있다는 것도 배워야 합니다. 부모가 위기를 모면하기 위해 병원에 가지 않겠다고 아이에게 거짓말하면, 잠깐은 평화롭겠지만 병원에서 아이가 느낄 배신감은 아이에게 큰 상처가 됩니다. 게다가 거짓말은 부모와 아이의 신뢰를 깨뜨리니 어렵더라도 솔직하게 이야기하세요.

물론 흰 가운을 입은 의사를 보는 것만으로도 소스라치는 아이에게 며칠 전부터 병원 이야기를 할 필요는 없습니다. 적어도 병원 가기 몇 시간 전에 아이에게 친절하게 이야기해 주세요. 아이가 알고 가는 게(예상하고 가는 게) 그나마 낫습니다.

실전을 위한 연습이 곧 자신감

실전에서 당황하지 않으려면 누구에게나 준비와 연습이 필요하지만, 특히 예민한 아이에게는 철저한 준비와 연습이 중요합니다. 남에게 부정적인 평가를 받을까 봐 친구의 무리한 요구도 들어주는 아이에게는 거절하는 연습이 꼭 필요합니다. 남에게 상처 주지 않으면서 본인의 의사를 전달할 방법을 부모와 함께 고민해 보세요.

아이 스스로 방법을 생각하지 못한다면 부모가 알려 줄 수도 있습니다. 상대방에게 정확하고 구체적으로 말할 수 있도록 연습합니다. "나도 도와주고 싶지만, 그건 내가 할 수 없을 것 같아"처럼요.

아이와 역할극을 해 보는 것도 큰 도움이 됩니다. 아이가 자신의 의사를 분명하게 표현하는 것과 남에게 나쁜 평가를 받는 것은 별개라는 점도 추가로 알려 주면 좋겠죠.

다른 사람의 시선에 예민한 아이는 사람 앞에서 발표하기를 꺼립니다. 발표를 피할 수 없다면 아이는 걱정에 잠을 이루지 못할지도 모릅니다. 이때도 아이에게 준비와 연습이 필요합니다. 준비하는 만큼 덜 불안해할 수 있습니다.

"연습이 완벽함을 만든다(Practice makes perfect)"라는 영어 속담이 있습니다. 완벽까지는 모르겠지만, 적어도 연습하는 만큼 아이는 자신감과 용기를 얻습니다. 그 자신감과 용기는 다른 사람의 시선에서 오는 불편감과 긴장감을 이기게 하는 힘이 됩니다.

결국 변화 적응에 어려움을 겪는 예민한 아이에게 예상되는 상황을 미리 알려 주거나 예행 연습을 하는 것이 아이의 불편감을 줄이는 데 도움이 되는 것이죠. 피할 수 있으면 피하고, 조절할 수 있으면 조절하고, 힘든 상황이라고 예상되면 미리 대비하면 됩니다. 그렇게 우리 아이는 예민해지는 상황에 조금씩 적응해 나갑니다.

절대 충분한 시간도 없이 준비되지 않은 아이를 억지로 밀어붙이지는 맙시다. 아이의 속도로 맞춰 천천히 준비하고 도전해도 됩니다. 이런 태도는 부모가 조급해하지 않고 아이에게 안정감을 주라는 기본 원칙과도 일치합니다. 아이 스스로 준비되었다고 느끼면 알아서 도전할 것입니다.

영화 〈기생충〉을 보면 "너는 계획이 다 있구나"라는 대사가 나옵니다. 현명한 부모도 예민한 아이를 키우는 데 계획이 있습니다. 상황을 예측하고 아이에게 미리 설명하고, 충분한 시간을 두고 천천히 준비하기가 바로 그것입니다.

예민함을 다루는 법을 아이에게 좀 더 효율적으로 알려 줄 수 있는 계획이 여러분 모두에게 있길 바랍니다.

변화를 싫어하는 예민한 아이에게는 예행 연습이 필요합니다.
충분한 시간을 두고 미리 상황을 대비하면
아이는 덜 당황하고 불안해합니다.

충분한 시간도 없이 준비되지 않은 아이를
억지로 밀어붙이지는 맙시다.
아이의 속도로 맞춰 천천히 준비하고 나서 도전해도 됩니다.

명확한 태도가
불안을 멈춘다

불안해하는 아이에게는 부모가 명확한 태도를 보여야 합니다. 우유부단하기보단 분명해야 합니다. 그래야 아이가 덜 불안해합니다. 부모의 확실한 태도가 아이에게 위안을 주기 때문입니다.

부모와 떨어졌을 때 유독 두려움을 크게 느끼는 현지가 찾아왔습니다. 현지처럼 부모와 떨어지지 못하는 아이를 어린이집에 보내기란 쉬운 일이 아니죠. 매일 아침마다 부모에게 매달려 우는 현지 때문에 현지 부모님의 마음은 한없이 무거워졌다고 합니다.

우는 아이를 보면 부모는 미안한 마음에 한 번이라도 더 안고 슬픈 표정을 지으며 작별 인사를 하기 마련이죠. 이때 "오늘은 어린이집 가기 싫어. 엄마(아빠)랑 있을 거야"라는 아이 말에 부모는 흔들리기 쉽습니다.

만약 자신의 말에 부모가 어물쩍대는 태도를 보인다면 아이는 '내가 보채면 어린이집에 안 갈 수도 있어'라는 헛된 희망을 품게 됩니다. 아이는 그 희망에 헤어질 때마다 더욱 힘들어할 테죠.

부모는 아이에게 어린이집에 가야 하고, 자신은 직장에 가야 한다는 사실을 명확하게 알려 주어야 합니다. 그리고 당당하게 아이에게 인사하고 집을 나서세요. "이따 저녁에 다시 웃으면서 보자"라고 말하며 하이파이브를 해 주세요.

작별 인사는 간결할수록 좋습니다. 괜히 장황하고 짠한 이별 인사는 부모와 아이 모두를 지치게 할 뿐입니다. 집에 돌아오면 같은 시간에 부모를 다시 볼 수 있다는 점을 상기시켜 주는 정도면 충분합니다. 당당한 부모의 태도에 아이도 그 상황을 좀 더 빠르게 받아들이고 덜 힘들어할 것입니다.

아이들이 문화 센터에 처음 갈 때, 불안해하는 경우가 많을 것입니다. 이때도 부모는 상황을 면밀히 관찰하고 판단한 후 아이에게 명확한 태도를 보이면 됩니다. 아이의 표정, 자세, 움직임을 보고 아이가 얼마나 힘들어하는지, 견딜 수 있는지를 판단합니다.

아이가 그 상황을 견딜 수 있다고 판단했다면, 아이를 격려해 주면 됩니다. "한 번 같이 해 볼까? 근데 여기 있는 게 너무 힘들면 언제라도 말해줘. 언제라도 △△ 원하면 아빠(엄마)랑 나갈 수 있어"라고 말하면 괜찮을 것 같습니다.

반대로 아이가 너무 힘들어 보이고, 아이가 크게 관심을 보이지 않는다면 굳이 예민함에서 오는 고통을 참으면서까지 프로그램에 참여하게 할 필요는 없습니다. 프로그램이 아무리 인기가 있고 대기 시간이 길었더라도 아이를 안고 나오면 됩니다.

부모가 우왕좌왕하는 만큼 아이는 괴롭습니다. 득보다 실이 크다고 판단했다면 주저하지 말고 행동으로 옮겨야 합니다. 부모가 명확한 태도를 일관되게 보인다면, 아이는 나중에라도 한결 편안한 마음으로 그 프로그램에 다시 도전할 수 있을 것입니다.

지시할 때는 명확하고 구체적으로

주변 자극에 쉽게 산만해지는 아이에게 지시할 때도 부모는 명확해야 합니다. 감각이 예민한 아이는 작은 소리도 크게 들리고 주변 환경이 조금만 변해도 신경이 쓰이니 산만해지기 쉽습니다. 이때도 부모는 아이에게 명확하고 구체적으로 지시해야 합니다. 두루뭉술한 지시는 아이에게 혼란만 야기합니다.

우선 아이에게 과제와 목표를 구체적으로 정해 줍니다. "숙제 좀 해!"가 아니라 "앞으로 20분 동안 여기서부터 여기까지 풀어볼까?"가 좋습니다. "청소 좀 해!"보다는 "이제 블록을 저 바구니에 넣자!"나 "이거 쓰레기통에 버리고 올래?"가 낫습니다. 또한 한 지시에는 한 가지 내용만을 포함합니다. 숙제도 하고 정리 정돈도 하고 이도 닦을 수 없습니다.

지금 이 순간, 가장 중요하다고 생각하는 한 가지만 명확하게 전달하면 됩니다. 한 가지 과제를 구체적으로 정해 줄 때 쉽게 산만해지는 아이도 지시를 따를 수 있습니다. 아이가 따를 수 있는 만큼만 지시하는 게 핵심입니다.

아이가 하기 싫어 해도 꼭 해야 하는 상황이라면 부모는 간단명료하게 말합니다. 치과에 가야 하면, 치과에 가는 이유를 간단하게 설명해 줍니다. 불쾌한 병원 냄새와 소름 돋는 드릴 소리에 아이가 놀랄 수 있다는 마음에 공감하되, 그렇다고 피할 수만은 없다는 것은 확실하게 이야기해 줍니다.

촉각에 예민해서 안전벨트를 매기 싫어하는 아이에게는 장황한 설명 대신 이유를 간결하게 말해 주면 됩니다. 그리고 피할 수 없다는 점을 명확하게 전달합니다.

"안전벨트를 매지 않으면 크게 다칠 수 있어. 그러니까 차에 탈 때는 항상 안전벨트를 매야 한단다"라는 말이면 충분합니다. 애매모호한 부모의 태도는 아이에게 어쩌면 그 상황에서 벗어날 수도 있다는 헛된 희망을 남깁니다.

감정에는 공감하되 행동에는 한계를 두어라

마지막으로 아이가 '문제 행동'을 보인다면 부모는 확실하게 옳고 그름을 아이에게 알려 줘야 합니다.

여기서 문제 행동이란 자신이나 타인에게 해가 되거나 한 인간으로서 사회에 적응하는데 어려움을 야기하는 행동을 말합니다. 사람에게 물건을 던지거나 욕을 하는 행동이 그 예가 됩니다.

예민한 아이는 자극을 크게 받고 빨리 지치니 짜증이 쉽게 날 수 있습니다. 아이가 힘들어하고 자신의 마음대로 되지 않으면 답답할 수 있다는 점은 부모가 인정해야 합니다. 하지만 화가 난다고 물건을 던지거나 욕을 하는 아이의 행동까지 허락할 수는 없습니다.

그렇다고 아이에게 화를 내고 혼내라는 뜻은 아닙니다. 허용되는 행동과 그렇지 않은 행동의 기준과 한계를 알려 줘야 한다는 것이죠. 아이의 답답한 마음을 공감해 주고, 옳고 그른 행동이 무엇인지 명확하게 가르쳐야 합니다.

명확한 한계가 있을 때 아이는 자신의 행동을 조절하려 합니다. 그 기준이 확실하고 일관될 때 아이는 덜 혼란스럽습니다.

한 가지 예를 들어보겠습니다. 동생이 생긴 후 종종 아이는 더 예민해집니다. 괜히 심술부리고 짜증도 늘고 동생이 싫다고도 말합니다. 그런데 만약 아이가 화난 마음에 동생 눈을 찌르려고 한다면요? 그 행동을 물론 두고 볼 수만은 없겠죠.

부모에게서 원하는 만큼 충분히 관심을 받지 못해 시샘이 난 마음은 인정해 주더라도 동생을 향한 행동이 위험하고 옳지 않다는 사실을 명확하게 알려 줘야 합니다. '감정은 공감하되 행동에는 명확한 한계를 두어라'라고 말할 수 있겠네요(동생이 태어난 이후 예민한 아이에 관한 내용은 5장에서 좀 더 살펴보겠습니다).

타고난 예민함으로 쉽게 불안해지거나 산만해지는 아이에게는 짧고 간단하게 부모의 생각을 전합니다. 상황을 명확하게 판단하며, 결정했으면 주저하지 않습니다. 수많은 자극에 압도당하기 쉬운 아이에게 명확한 태도를 보이는 부모는 믿고 의지할 수 있는 존재가 됩니다.

자기 마음대로만 하려거나 상황을 피하려고만 하는 아이, 문제 행동을 보이는 아이 모두에게도 부모의 명확한 태도는 도움이 됩니다. 부모가 확실한 기준을 제시할 때 아이는 옳고 그른 것, 해도 되는 것과 그렇지 않은 것을 알게 되고, 불안하고 답답한 마음을 어떻게 표현해야 하는지를 배웁니다. 그렇게 아이는 자신의 예민함을 서서히 조절할 수 있게 됩니다.

불안해하는 아이에게는

부모가 우유부단하기보단 분명해야 합니다.

그래야 아이가 덜 불안해합니다.

확실한 부모의 태도가 아이에게 위안을 줍니다.

그럴 때 아이는 옳고 그른 것,

해도 되는 것과 그렇지 않은 것을 알게 되고,

불안하고 답답한 마음을 어떻게 표현해야 하는지를 배웁니다.

상황을 객관적으로
바라본다

부모와 떨어지기 어려워하는 아이는 혹시라도 부모에게 나쁜 일이 생길까 봐 걱정합니다. 부모에게 사고가 날 0.01퍼센트의 확률이더라도 너무 두렵습니다. 부모가 교통사고를 당하거나 병에 걸릴 것 같다는 생각에 사로잡힙니다. 세상이 엄청나게 위험하다고 생각하기 때문이죠. 부모가 쓰레기를 버리러 잠깐만 외출해도 아이는 참기 힘들어 합니다.

다른 사람의 시선과 표정 하나하나에도 신경을 쓰는 아이는 상대방도 자신을 면밀히 관찰할 거라 느끼기도 합니다. 자신의 사소한 실수나 잘못을 찾아서 지적한다고 믿습니다. 항상 상대방의 눈치를 보며 말과 행동을 조심합니다. 혹시라도 아이가 한 부탁을 상대방이 거절하면 아이는 그 거절에 의미를 부여하기도 합니다. '혹시라도 내가 뭘 잘못한 건가? 날 싫어하는 건 아닐까?'라는 생각에 아이는 더욱 위축됩니다.

자기 자신에게 높은 기준을 세워 뭐든지 완벽하게 하려는 아이는 작은 실수도 큰 실패로 느낍니다. 아이에게는 완벽하지 못하면 아무런 의미가 없기 때문에 자기 마음대로 일이 되지 않으면 쉽게 좌절하고 화를 냅니다. 어려운 수학 문제가 풀리지 않으면 좌절감에 눈물을 흘리면서도 끝까지 혼자 해내려고 애씁니다. 혹은 완벽하게 해결하지 못할 것 같으면 시도조차 하지 않으려 하기도 합니다.

이런 예민한 아이에게는 공통점이 있습니다. 그것은 아이가 어떤 상황을 바라볼 때 긍정적인 면보다 부정적인 면에 치우쳐 생각한다는 점입니다. 아이는 실제 상황보다 훨씬 더 위험한 상황이라고 판단합니다. 위험하다는 수준은 누군가 조금 아프고 다치는 정도가 아니라 존재 자체가 위협받거나 죽는 문제가 됩니다.

또 모든 일을 성공 아니면 실패, 좋은 것 아니면 나쁜 것처럼 흑백 논리로 판단하기도 합니다. 적당히 성공하거나 실패하는 일은 없습니다. 즉, 아이가 상황을 바라보는 '생각의 틀'이 부정적인 면에 치우쳐져 있고, 과도하거나 파국적이며, 양극단으로 나누어져 있습니다. 그래서 아이는 그 상황이 더욱더 무섭고 두렵습니다.

한쪽으로 치우치지 않으려면

이런 성향의 아이가 덜 부정적이고 덜 극단적이며, 긍정적인 면과 부정적인 면을 함께 고려해서 상황을 바라볼 수 있다면 어떨까요? 부모에게 위험한 일이 일어날 가능성을 현실적으로 바라볼 수 있으면 부모와 떨어지는 일이 덜 두려울 테죠. 다른 사람이 항상 자신을 관찰하고 있는 것은 아니며, 혹시라도 내가 실수했다 하더라도 날 싫어하지는 않을 거라고 생각하면 더 편안하게 낯선 사람들 곁에 있을 수 있습니다.

누구도 완벽할 수 없고 완벽하지 않아도 되며 시도한 것만으로도 의미가 충분히 있다고 믿는다면 더 마음의 여유를 가지고 용기를 낼 수 있습니다. 이처럼 생각의 틀이 변하면 아이가 느끼는 감정과 행동이 달라집니다.

실제로 생각과 감정, 행동은 서로 연관되어 있습니다. 내가 어떻게 생각하느냐에 따라 다르게 느끼고 행동합니다. 그렇기에 행동과 감정을 변화시키려면 먼저 '생각'을 다루어야 합니다. 생각이 변하면 감정과 행동도 달라집니다.

'다른 사람 앞에서 실수하면 모두 다 나를 비웃을 거야'라고 생각하는 아이는 발표하기를 주저할 수밖에 없습니다. 자신을 향한 사람들의 시선이 아이에게 무섭게 다가오죠. 두려움에 온몸이 긴장되고 목소리는 떨릴 것입니다. 모든 사람이 내 실수만 바라본다고 믿는다면 당연한 일이죠. 부정적인 생각은 부정적인 감정을 일으키고 아이가 행동하는 데 자신감을 잃게 만듭니다.

그런데 '내가 실수해도 다음에 잘하면 돼', '시도해 보고 안 되면 나중에 또 하지, 뭐'라고 생각한다면 한결 마음이 가벼워집니다. 불안감과 두려움 대신 자신감과 여유를 느낄 수 있습니다. 덜 긴장한 만큼 말과 행동이 자연스럽고 준비한 대로 발표를 잘할 수 있습니다.

그렇다면 부정적인 면에 치우친 생각을 바꾸려면 어떻게 해야 할까요? 무엇보다도 상황을 객관적으로 볼 수 있어야 합니다. 극단적인 생각에서 벗어나 균형 잡힌 시각으로 상황을 차분하게 바라볼 때 합리적인 생각을 할 수 있습니다.

아이의 부정적인 감정을 덜어 주고 아이 행동을 긍정적으로 바꾸고 싶다면 부모는 아이가 상황을 객관적으로 볼 수 있게 도우면 됩니다. 아이 혼자서 상황을 균형 있게 바라보지 못한다면 부모가 상황에 대한 새로운 관점을 찾아서 아이에게 알려 줍니다. 아이는 합리적인 관점을 제시하는 부모를 보고 배우며 한쪽으로 치우친 자기 생각을 조금씩 수정하게 됩니다.

객관적으로 볼 수 있는 방법

상황을 객관적으로 바라볼 수 있도록 돕는 방법도 '아이가 왜 그럴까?'라는 질문에서 출발합니다. 아이가 어떤 상황에서 왜 힘들어하는지 아이와 함께 생각해 봅시다. 그때 어떤 감정을 느꼈는지, 떠올랐던 생각이 무엇인지를 탐색해 봅시다. 처음에는 아이 스스로 잘 파악하지 못할 수 있습니다. 그렇다면 부모가 아이의 특성에 맞게 다음의 방법처럼 적극적으로 물어볼 수 있습니다.

감각에 예민한 아이에게는 "이 음식을 먹기 싫어하는데 왜 그럴까? 물렁거리는 게 싫어서 그럴까? 아니면 향이 너무 똑 쏘는 것 같니? 어떤 느낌이 들었을까?"처럼 구체적으로 물어볼 수 있습니다. 새로운 친구에게 다가가기 어려워하는 아이라면 "아까 친구에게 인사하려 할 때 엄마 뒤로 숨었잖아? 어떤 점이 힘들었을까? 무슨 생각을 했었어? 아이들이 바라보니까 좀 창피했니?"처럼 아이가 힘들어했던 이유와 그때의 감정을 물어볼 수도 있습니다.

중요한 것은 아이가 불편해하는 상황에 부모가 관심을 보이고 불편한 이유를 함께 찾아보려는 노력입니다. 그 과정에서 아이는 자신이 어떻게 생각하고 느끼는지를 알게 됩니다. 혹시라도 너무 과도하게 생각한 것은 아닌지 스스로 깨닫게 됩니다. 부모가 제시한 새로운 관점에서 상황을 다르게 바라보는 법을 배웁니다. 그만큼 아이는 그 상황을 객관적으로 볼 수 있습니다(아이가 상황을 객관적으로 바라보도록 돕는 방법은 〈이건 꼭 알아두면 좋아요(203쪽)〉에서 추가로 설명하겠습니다).

마지막으로 여러분에게 전하고 싶은 말은 부모도 자신이 어떻게 생각하고 느끼고 행동하는지를 객관적으로 바라보아야 한다는 점입니다. 혹시라도 부모가 너무 조급한 것은 아닌지, 아이를 너무 몰아붙인 것은 아닌지, 아이의 강점보다는 단점만 본 것은 아닌지를 스스로 살펴야 합니다.

아이가 부모 기대에 못 미친다는 생각에 아이에게 화를 내거나, 무력감을 느낀다면 이는 위험 신호입니다. 또한 부모가 너무 지쳐 있거나 우울한 감정에 빠져 있지는 않는지 반드시 확인해야겠죠.

부모가 상황을 극단적으로 바라보면 아이도 극단적으로 세상을 바라봅니다. 부모가 아이의 부족한 면만 바라보면 아이도 자신이 충분하지 못하다고 생각합니다. 부모가 아이에게 전달해야 할 것은 세상을 객관적으로, 아이를 있는 그대로 바라보는 생각의 틀입니다.

생각과 감정, 행동은 서로 연관되어 있습니다.
내가 어떻게 생각하느냐에 따라 다르게 느끼고 행동합니다.

아이 혼자서 상황을 균형 있게 바라보지 못한다면
부모가 상황에 대한 새로운 관점을 찾아줘서 아이에게 알려 줍니다.

아이는 합리적인 관점을 제시하는 부모를 보고 배우며
한쪽으로 치우친 자기 생각의 틀을 조금씩 수정하게 됩니다.

도움이 필요할 때는
전문가에게

마지막으로 아이에게 꼭 도움이 필요한 상황을 알아보겠습니다. 앞에서 설명한 '상황을 객관적으로 바라본다'라는 말은 '무조건 괜찮으니 지켜보자'라는 뜻이 아닙니다. 아이에게 도움이 필요할 때는 부모가 용기를 내어 전문가에게 도움을 요청해야 합니다. 그게 '객관적으로 바라본다'는 말의 의도를 제대로 살리는 일입니다.

우선 아이가 예민한 특성으로 심하게 괴로워하거나 불안해하고 우울해한다면 전문가의 도움을 꼭 받아야 합니다. 아이 스스로 통제 불가능하다고 느낄 때도 당연히 아이에게 도움을 주어야 하죠. 예민한 상황에서는 누구나 어느 정도 괴로워하고 불안해할 수 있습니다. 그런데 그 정도가 지나치다면, 부모가 어떤 노력을 해도 아이의 괴로움이 줄지 않는다면 그때는 전문가를 찾아야 합니다.

그럼 어느 정도가 '지나치게' 괴로워하고 불안해하는 걸까요? 아이 모습이 지나친 것인지 아닌지를 판단하는 데 도움이 되는 몇 가지 팁이 있습니다.

우선 예민한 상황에서 벗어났을 때 아이가 얼마나 편안해지는지를 확인하면 도움이 됩니다. 소리에 예민한 아이가 시끄러운 상황에서 벗어나자 금세 진정된다면 부모는 여유를 갖고 기다릴 수 있습니다.

반면 조용한 곳에 와서도 한참이나 귀를 막고 우는 아이는 불편하고 괴로운 감정을 더 크게 느끼는 것입니다. 5분, 10분이 아니라 30분, 1시간 이상 지속한다면 아이, 부모 모두 지치게 됩니다. 그리고 아이와 부모 모두가 지쳐 있는 때라면 전문가의 진단과 조언이 도움이 될 수 있습니다.

불안이 지속된다면 전문가를 찾아라

'지나치다'라는 말에는 아이가 불편해하는 정도뿐만 아니라 기간도 포함됩니다. 돌보는 사람이 바뀌고, 동생이 태어나거나 전학을 가는 등 큰 환경 변화가 있을 때는 적어도 한 달은 지켜보고 판단하는 것이 좋습니다.

어떤 아이들은 환경 변화에 더욱 예민하게 반응합니다. 다른 아이들과 잘 놀던 아이도 전학을 가면 친구들과 어울리는 데 어려움을 겪고 학교에 가기 싫어할 수도 있습니다. 새 친구들 앞에서 말하기를 꺼릴 수도 있습니다. 이때 한 달 정도까지는 아이가 좀 불안하고 괴로워하더라도 아이를 안심시켜 주고 격려해 주면서 관찰해 볼 수 있습니다.

만약 아이가 6개월 이상 불안하고 괴로워한다면, 그때는 부모 혼자 걱정하지 말고 전문가와 상의하세요. 실제로 정신과 의사가 진단을 내릴 때 참고하는 「정신질환의 진단 및 통계 편람-5(Diagnostic and Statistical Manual of Mental Disorders-5)」에 따르면, 소아·청소년에게 나타날 수 있는 불안 장애 대부분에서 6개월 이상 증상이 지속되어야 한다는 기준을 둡니다. 이는 일시적으로 나타날 수 있는 불안 증상을 질병으로 과잉 진단 내리지 않기 위해서입니다.

단, 분리 불안 장애(separation anxiety disorder)는 4주, 선택 함구증(selective mutism, 특정 상황에서만 말하지 않음)과 공황 장애(panic disorder)는 1달을 기준

으로 합니다. 이때 새로운 학교에 간 후 발생한 선택 함구증이라면 첫 한 달은 정상적인 학교 적응 기간으로 보아 진단 기준 기간에 포함하지 않습니다.

전문가를 꼭 찾아야 하는 상황

반드시 전문가의 평가와 도움을 받아야 하는 또 다른 상황은 아이가 예민해지는 상황을 피하기만 해서 그 시기에 배워야 할 것을 배우지 못하거나 부모나 또래 관계에서 문제가 생길 때입니다.

예를 들어, 아이가 예민함으로 집 안에서 부모와 갈등이 생기거나 집 밖에서 친구들과 어울리지 못하고 학교에도 가지 못한다면 아이는 '지나치게' 괴로워하고 있는 것입니다. 예민함을 감당하지 못하는 상태입니다. 아이로서 반드시 경험해야 할 우정, 놀이, 학습을 못 하는 상태입니다. 따라서 이때는 아이에게 도움이 꼭 필요합니다.

앞에서 에릭슨이 주장한 심리사회적 발달 이론 기억하시나요? 아이가 성장하면서 꼭 배워야만 하는 것들이 있는데 1세 미만의 아이에게는 부모와 세상을 향한 '신뢰와 희망'을 배우는 것이 무엇보다 중요하다고 했었죠.

심리사회적 발달 이론에 따르면 만 1세부터 3세인 걸음마기 아이는 '자율성'이라는 걸 배워야 합니다. "내 스스로 내가 할 거야"라는 태도이죠. 누구의 도움도 받지 않고 자기 힘으로 옷을 입고 블록을 맞추려고 하는 만 2, 3살 아이의 모습을 보면 여러분도 쉽게 이해할 수 있을 것입니다. 만약 예민한 아이가 불안한 마음에 외부 활동을 꺼려서 경험의 폭이 매우 좁다면, 스스로 하지 않고 부모가 대신해주기만을 바란다면 아이는 자율성을 배울 기회를 잃게 됩니다.

다른 예로 대략 6세에서 12세의 학령기 아이는 '근면성'이란 걸 배워야 합니다. 이때 아이들은 무엇이든 잘하고 싶어 합니다. 잘해서 칭찬받길 원합니다. 성취할수록 자신감을 얻고 계속해 나가게 됩니다. 저녁마다 밖에 나가서 줄넘기를 연습하는 아이를 보세요. 얼마나 열심히 하나요? 줄넘기를 해서 운동 능력을 향상시키고 친구들과 놀이를 하면서 사회적 기술을 익힙니다.

물론 공부도 하면서 인지, 학습 능력도 키우죠. 그런데 만약 예민한 아이가 친구들과 함께 지내는 상황을 피하기만 한다면, 학교에 가는 것조차 어려워한다면 아이는 기술과 능력을 익히고 키우지 못합니다. 그럼 아이는 자신감 없는 아이가 될지도 모릅니다.

사실 아이가 지나치게 불안해하는지, 그래서 문제가 발생하는지를 판단할 때는 어느 정도 주관적인 판단이 들어갈 수밖에 없습니다. 그러니 부모 자신의 직감을 믿고 따르세요. 아이의 표정과 자세, 몸짓을 보면 부모 대부분은 아이가 얼마나 힘들어하는지를 본능적으로 알 수 있습니다. 따라서 부모 눈에 아이가 매우 힘들어 보인다면, 그래서 부모가 아이 모습에 항상 걱정된다면 주저 말고 전문가를 찾아볼 것을 권합니다.

그 외 아이가 위험한 행동을 보일 때도 아이의 모습이 자연스럽게 좋아지길 기다리기보다 전문가를 찾으세요. 예를 들어 예민한 상황에서 불안한 감정이 조절되지 않아 상처가 남을 정도로 자신을 물거나 할퀼 때, 자신의 마음대로 되지 않을 때 좌절감으로 부모에게 물건을 던지거나 폭력을 보일 때는 부모 혼자서 아이를 감당하기 어렵습니다. 자신과 타인의 안전을 해치는 문제는 빨리 해결해야 합니다. 아이의 문제 행동을 이해하고 해결하도록 전문가와 함께 상의하는 것이 아이와 부모 모두에게 큰 도움이 될 수 있습니다.

아이가 예민하다고만 생각하고 아이에게 나타난 다른 어려움을 보지 못하고 놓치는 경우가 종종 있습니다. 특정 자극 때문이 아니라 자극이 없거나 편안한 상태에서도 아이가 주의 집중하는 데에 어려움이 있을 때, 불안함에 눈을 피하는 것이 아니라 눈 맞춤 자체가 없거나 정서적 교감의 어려움이 두드러질 때는 전문가의 명확한 평가를 먼저 받아보길 바랍니다.

부모 또한 도움이 필요할지도 모른다

부모 자신에게 도움이 꼭 필요한 경우도 있습니다. 1장에서 부모도 때때로 아이에게 부정적인 감정을 가질 수 있다고 했죠? 잠시 내아이가 사랑스럽지 않아도 괜찮다고요. 또한 인간은 누구나 어느 정도의 감정 기복을 경험하니 일시적으로 부정적인 감정 상태에 빠진것은 큰 문제가 되지 않습니다.

단, 부모가 부정적인 마음에서 헤어 나오지 못할 때는 도움을 받을필요가 있습니다. 항상 아이가 부족하거나 못마땅해 보일 때, 또는안쓰럽기만 할 때가 문제입니다. 부모 마음이 항상 무겁기만 할 때,즐거움과 기쁨을 느낄 수 없을 때도 문제입니다. 긍정적인 마음과 부정적인 마음의 균형을 잃었을 때라고 할까요? 혹시라도 아이를 볼 때마음이 무겁기만 하다면, 부모로서 행복과 기쁨을 느낄 수 없는 경우라면 용기를 내어 꼭 도움을 받길 권합니다.

  부모로서 걱정되거나 궁금한 것이 있다면 언제라도 전문가를 찾아보세요. 책과 블로그, 영상에서 알맞은 정보를 얻어 자신만의 육아법을 터득할 수도 있지만, 책과 동영상을 찾아봐도 궁금증이 풀리지 않을 때 주저하지 말고 전문가와 상의하세요. 전문가를 찾는다고 해서 아이가 잘못된 것도, 부모가 아이를 잘못 키운 것도 아닙니다. 모르면 물어보는 것은 지극히 당연한 일입니다. 아마 여러분의 고민에 전문가는 성심성의껏 도움을 주려 할 것입니다. 언제라도 여러분에게 상담실의 문은 활짝 열려 있습니다.

부모가 어떤 노력을 해도 아이의 괴로움이 줄지 않는다면
아이에게 도움이 필요합니다.

부모 눈에 아이가 매우 힘들어 보인다면,
그래서 부모가 아이 모습에 항상 걱정된다면
주저 말고 전문가를 찾아볼 것을 권합니다.

[이건 꼭 알아두면 좋아요]

예민한 아이가 상황을 객관적으로 바라보도록 돕는 법

예민한 아이가 상황을 객관적으로 바라보도록 부모가 도와줘야 한다고 했죠? 아이가 그때 느낀 감정, 떠오른 생각, 한 행동을 스스로 알아차리도록 물어보세요. 질문만이 유일한 방법은 물론 아닙니다. 아이의 상황 파악 능력을 키울 수 있는 또 다른 방법에는 무엇이 있을까요?

글쓰기가 능숙한 아이에게는 일기를 써 보라고 해도 좋습니다. 아이가 글을 쓰는 동안 어떤 상황에서 왜 힘들어하는지를 스스로 찾아낼 수 있습니다. 아이에게 그때 어떤 생각이 들었는지, 혹시라도 다르게 생각했을 수는 없는지를 물어보세요. 아이가 덜 극단적이고 덜 부정적인 생각을 떠올렸다면 좋은 신호입니다.

그리고 나중에 똑같은 상황이 벌어지면 어떤 해결책이 있을지도 미리 함께 고민해 봅니다. 어떻게 하면 화장실에 가는 게 덜 무서울지 의견을 아이에게 물어보기도 하고, 사람이 많은 마트에서 아이가 힘들어하면 부모가 어떻게 도와주면 좋을지도 같이 생각해 볼 수 있습니다.

다른 사람의 표정과 행동 하나하나에 감정 기복이 심해지는 아이라면 그때 감정의 크기를 -5부터 +5까지 나누어보게 하는 것도 도움이 됩니다. 사람의 감정은 연속선 상에 있습니다. 항상 -5과 +5만을 왔다 갔다 하지는 않습니다. 그런데 감정이 요동치는 아이는 -5와 +5로만 느낀다고 표현할지도 모릅니다.

만약 아이가 자신의 기분을 -5, +5처럼 양극단으로만 표현한다면 아이가 느끼는 감정의 크기가 좀 더 다양할 수 있다는 점을 알려 주세요. 예를 들어, "-5점은 엄마가 사라져서 영영 보지 못할 때 느끼는 감정 크기인데, 정말 그때가 -5점 정도였을까? 그래도 엄마가 주변에 있다는 걸 알았다면 그 감정 크기가 조금은 더 작지는 않을까?"처럼요. 그럼 아이는 특정 상황뿐만 아니라 그때 자신의 감정에 대해서도 좀 더 객관적으로 바라볼 수 있습니다.

자기 모습에 자신감이 없는 아이에게는 자신의 강점과 단점을 동시에 찾아보는 연습이 도움이 될 수 있습니다. 아이 스스로 잘한다고 느끼는 것과 부족하다고 느끼는 점을 함께 쓰도록 해 보세요. 아이가 자신의 부족한 점만 많이 쓴다면 아이의 긍정적인 면을 부모가 같이 찾아 줍시다. 그러면 자기 자신을 보다 균형 있게, 긍정적으로 바라볼 수 있습니다.

또한 자신에게 해줄 칭찬이나 격려의 말을 미리 준비해봐도 좋습니다. "나는 조금 더 천천히 하는 아이야. 그러니까 내 속도대로 차분히 하면 돼"처럼요. 그럼 아이는 당황하거나 불안한 상황에서도 격려의 말을 스스로 떠올리며 힘을 얻고 예민함을 조절하려고 노력할 터입니다.

생각의 틀을 바꾸는 과정은 오랜 시간이 필요합니다. 부모가 꾸준하게 아이와 함께 노력해야 합니다. 아이가 당황한 나머지 보지 못하거나 과장되게 생각하는 점을, 아이가 스스로 깨닫지 못하는 아이만의 강점을 부모가 먼저 찾아서 아이에게 알려 주세요. 아이의 예민한 특성에 관심을 두고 그것을 긍정적으로 바라보는 기본 태도가 부모에게 필요한 이유는 여기에도 있습니다.

예민한 아이 부모를 위한 마음공부

넷

✔ 아이를 판단하기보다는 아이의 마음을 공감하며 다가가세요.
특히 아이가 어릴수록, 아이가 더 많이 불안해할수록
진실된 공감과 격려를 해주길 바랍니다.

✔ 예민함을 극복할 수 있는 환경을 조성해 줍니다.
피할 수 있으면 피하고, 조절할 수 있으면 조절하고,
힘든 상황이라고 예상되면 미리 대비하면 됩니다.

✔ 가장 중요하다고 생각하는 한 가지만 명확하게 전달하면 됩니다.
아이가 따를 수 있는 만큼만 지시하는 것이 핵심입니다.

✔ 아이가 상황을 객관적으로 바라볼 수 있도록 돕습니다.
아이가 보지 못한 새로운 관점을 찾아서 아이에게 알려 줍니다.

✔ 아이에게 도움이 필요할 때는 부모가 용기를 내어 전문가에게
도움을 요청할 수 있어야 합니다. 그게 '(상황을) 객관적으로
바라본다'는 말의 의도를 제대로 살리는 일입니다.

5장

예민한 아이
사례로 배우는
실전 육아

사례1

"동생이 생긴 후
아이가 더 예민해졌어요"

20개월 아이에게 동생이 생겼어요. 첫째가 원래도 조금 예민했는데 동생이 태어난 이후에 그 모습이 더 심해졌어요. 엄마와 한시도 떨어지지 않으려고 하고 괜한 짜증도 늘고요. 동생을 돌보고 있으면 자기랑만 놀아달라고 떼를 쓰고 가끔은 동생을 밀치기도 해요. 동생만 이뻐한다고 생각해서 그러는 것 같아요. 친정어머니가 주말에는 첫째를 자신이 돌볼 테니 동생과 떼어놓는 게 어떠냐고 하시는데, 어떻게 하면 좋을까요?

아이에게 동생이 생기면 이전과 다른 모습을 종종 보입니다. 원래 잘 지냈던 아이도 심술이 늘고 걱정도 많아지며 퇴행하는 행동을 보이기도 하죠. 원래 예민했던 아이라면 그 예민함이 일시적으로 더 커지기도 합니다.

그럼 아이 입장에서 왜 그러는지 한번 생각해 볼까요? 아무래도 동생이 생기면 주변 사람들의 관심이 동생에게 쏠릴 수밖에 없습니다. 갓난아기인 둘째에게 부모의 도움이 더 많이 필요하기도 하고요. 하지만 첫째 역시 어린아이기에 어쩔 수 없는 부모의 사정까지 고려하지는 못합니다. 이전과 다르게 충분한 사랑을 받지 못한다는 생각에 짜증이 늘 수 있습니다. 또 우선순위에서 자신이 뒤로 밀리는 것 같아 불안할 수도 있죠.

24~36개월 미만의 아이에게 동생이 생겼을 때 위와 같은 모습이 나타나기 쉽습니다. 왜냐하면 24개월 미만 아이는 '내 옆에 없을 때에도 세상 어딘가에 부모가 있을 거야'라는 믿음이 확고하지 않기 때문입니다(이 믿음을 '대상 항상성(object constancy)'이라고 부릅니다). 24개월 미만 아이에게 분리 불안이 발생하는 이유이기도 하죠.

부모가 동생을 돌보는 잠시의 순간도 아이는 부모가 자신 곁에 없다는 사실에 불안할 수 있습니다. 부모가 내 눈앞에서 사라지면 혹시라도 영영 사라지지 않을까 걱정합니다. 따라서 대상 항상성이 확고하지 않은 24~36개월 미만 아이가 동생이 태어났을 때 부모의 부재를 더 크게 느껴 쉽게 불안해지고 예민해지는 것은 어찌 보면 당연합니다.

그럼 부모로서 어떻게 하면 될까요? 아이가 안정감을 충분히 느끼지 못해 예민함이 커진 상태입니다. 주말에 부모와 떨어뜨려 놓는다면 안 그래도 불안한 아이 마음이 더 불안해집니다. 그렇기에 적어도 부모와 아이를 일부러 분리하는 것은 추천하지 않습니다.

'안정감을 주는 것이 우선이다'라는 원칙이 여기에도 적용됩니다. 부모는 첫째 아이의 불안한 마음과 예민해질 수밖에 없는 상황을 공감하고 이해해야 합니다.

혹시 친정어머니가 집에 와서 둘째 돌보는 것을 잠시 도와줄 수 있다면, 그동안 첫째와 둘만의 시간을 가져 보세요. 1시간도 좋고 30분이라도 좋습니다. 같이 있는 시간의 양이 아니라 질이 중요합니다. 잠깐이라도 부모의 관심과 사랑을 아이가 오롯이 받았다고 느낀다면 아이는 덜 예민하고 덜 불안해합니다. 그렇게 동생을 향한 심술과 질투도 서서히 줄어들게 됩니다.

사례2

"아이가 어린이집에
가기 싫어해요"

26개월 아이인데 어린이집에 가길 싫어해요. 아침부터 안 가겠다
고 울며 보채고, 가는 길에 벌러덩 눕기도 해요. 늦게 가겠다고 갖
가지 이유를 들기도 하고요. 어린이집 보낼 때마다 부모, 아이 모
두 진이 다 빠져요. 제가 복직을 해야 했고 주변에 도움을 주실 분
도 없어서 다른 방법이 없었어요. 근데 아이가 이렇게 힘들어하는
걸 보니 제가 뭘 잘못한 거 같고 아이한테 너무 미안해져요. 어떻
게 해야 할까요? 제가 일을 그만두어야 할까요?

많은 부모가 아이 교육, 부모 직업 활동과 신체적 소진 등 다양한
이유로 아이를 어린이집에 보냅니다. 아이가 웃으며 집을 떠나면 좋
으련만, 예민한 아이를 어린이집에 보내는 일은 쉽지 않은 경우가 많
습니다. 변화와 낯선 환경에서 오는 자극이 큰 예민한 아이는 어린이
집에 적응하기를 어려워하죠.

그럼 이 상황에서 부모는 어떻게 해야 할까요? 자, 3, 4장에서 제시
한 부모의 올바른 태도, 양육법을 다시 한번 봅시다. 그리고 어린이

집 가기 어려워하는 아이에게 적용해 보세요. 내용을 충분히 이해하고 거기에 창의성을 조금만 더하면 누구든지 자신에게 맞는 방법을 찾을 수 있을 것입니다. 예를 들면, 아래와 같은 방법을 생각할 수 있습니다.

① 예민한 아이는 잘못한 것이 없다
· 어린이집에 가기 힘들어하는 아이를 있는 그대로 받아들이기
· 아이가 잘못한다는 느낌을 아이에게 주지 않도록 노력하기

② 예민함을 다룰 수 있는 아이로
· 어린이집에서 아이가 덜 당황할 방법을 고민하기
· 아이에게 어린이집 적응 연습이 필요하다고 말하기

③ 안정감이 최우선이다
· 아이가 불안해하면 충분히 달래기
· 항상 같은 시간에 부모가 돌아올 것이라고 말하고 약속을 지키기

④ 조급해하지 않는다
· 다른 아이들보다 어린이집 적응에 시간이 걸리는 아이라는 사실

을 인정하기
· 하루하루가 아닌 1~2주 간격으로 아이의 발전을 확인하기

⑤ 피할 수 있다면, 피한다
· 아이를 어린이집을 꼭 보내야 하는 상황인지 다시 한번 확인하기
· 어린이집에 늦게 가면 사회성이 부족할 것이란 걱정에 아이를 어린이집에 성급하게 보내지 않기

⑥ 완벽하기보다 끈기 있게
· 부모의 일관된 태도가 아이에게 안정감을 준다는 것을 상기하기
· 혹시나 부모가 지쳐있지는 않은지, 일관되게 반응하지 못하는 것은 아닌지 확인하기

⑦ 섬세하게 관찰하고 물어본다
· 아이가 어린이집에 가기 힘들어하는 진짜 이유는 무엇일까? 부모와 떨어지기 싫어서? 선생님이나 친구들이 낯설어서? 재미가 없거나 피곤해서? 가기 전에만 보채다 막상 가면 잘 지내는 것은 아닌지? 혹시 아이를 어린이집에 보내는 걸 부모 자신이 불안해하지는 않는지? … 생각하고 직접 물어보기

⑧ 딱 하나 챙긴다면 공감이다

· 낯선 어린이집에 홀로 남겨지는 것이 아이에게는 무서운 경험일
  수 있다는 점을 이해하기
· 아이의 불안한 마음을 읽어 주기

⑨ 피할 수 없다면 환경을 만든다

· 단계적 노출의 방법을 이용해 어린이집에 서서히 적응할 수 있도
  록 어린이집 선생님과 상의하기
· 어린이집에 불필요한 자극은 없는지 확인하기

⑩ 미리미리 준비하고 연습한다

· 부모가 복직 예정이라면 복직 시점 전 충분한 시간을 두고 미리
  준비해서 어린이집에 보내기
· 다른 사람에게 말을 건네기 어려워하는 아이라면 친구들과 선생
  님에게 전할 인사말을 함께 연습하기

⑪ 명확한 태도가 불안을 멈춘다

· 헤어지는 과정은 짧고 담백하게!
· 꼭 보내야 하는 상황이라면 당당한 태도를 보이기

⑫ 상황을 객관적으로 바라본다

· 아이가 어린이집에서 무엇 때문에 힘든지 아이의 이야기를 들어

  보기

· 부모 스스로 조급하거나 불안해하지 않는지 돌아보기

⑬ 도움이 필요할 때는 전문가에게

· 몇 달 이상 아이의 모습에 변화가 없을 때 전문가를 찾기

· 어린이집을 거부하는 과정에서 아이가 폭력적인 모습을 보일 때

  전문가에게 조언을 구하기

위에서 살펴본 내용은 예시일 뿐이며 부모 스스로 고민하면 할수록 더 많은 팁을 얻을 수 있습니다. 또한 영상이나 다른 육아 서적에서 도움이 될 만한 방법을 배울 수도 있습니다. 큰 원칙에서 벗어나지 않는다면 틀린 방법이란 없을 테죠. 부모가 지켜야 할 태도를 지닌다면 구체적인 양육법을 올바르게 사용할 수 있습니다.

마지막으로 전하고 싶은 말은 어린이집을 보내는 시기에 관한 것입니다. 많은 부모가 어린이집에 보낼 최적의 시기가 있냐고 물어봅니다. 결론부터 말하면 아이를 어린이집에 보내야 하는 시기가 명확

히 정해져 있지는 않습니다. 가능하다면 대상 항상성이 확고해지는 24~36개월 이후에 보내면 좋다는 이야기도 있지만, 각자의 사정에 맞게, 아이와 부모의 준비 정도에 따라 시기를 정해도 큰 문제가 되지 않습니다.

아이를 어린이집에 일찍 보낸 부모라도 불필요한 죄책감이나 불안감을 내려놓길 바랍니다. 어린이집에 보내는 시기를 정하는 것보다 그 전후로 얼마나 잘 준비하고 잘 관리하느냐가 더욱 중요합니다.

다른 사람들의 재촉에 준비되지 않은 아이를 보내거나, 꼭 보내야 하는 상황에서도 부모가 과도한 죄책감을 느끼지만 않는다면 여러분의 선택은 항상 옳습니다.

사례 3

"아이가 밖에
나가지 않으려 해요"

이제 막 초등학생이 된 만으로 7살인 남자아이를 키우고 있어요. 아들은 집에만 있고 싶어하고 도통 바깥에 나가려고 하지 않아요. 왜 그러냐고 물어보니, 바깥에 강아지, 새, 나비도 무섭고, 오토바이, 차도 무섭대요. 작은 소리에도 깜짝깜짝 잘 놀라요. 차 타는 것도 멀미를 자주 해서 싫어하고, 집에만 있으려 해서 저까지 너무 답답해요. 게다가 낯도 많이 가려서 친구도 많이 없어요. 선생님, 어떻게 하면 좋을까요?

사례의 아이는 예민한 아이가 맞는 것 같군요. 동물, 사물, 소리, 움직임, 주변에 사람이 많은 상황 등에서 오는 자극을 많이 받고 있으니까요. 아이가 예민한 성향으로 쉽게 겁을 먹고 밖에 나가지도 않으려 하니, 그 모습을 바라보는 부모의 답답하고 걱정되는 마음이 충분히 공감됩니다.

아이를 정확하게 이해하려면 우선 아이가 어느 발달 단계에 속하는지 살펴보아야 합니다. 그리고 발달 단계에서 아이가 꼭 배워야 하는 것이 무엇인지를 확인해보세요. 만약 아이가 그 시기에 꼭 배워야 하는 것을 충분히 배우고 있다면 앞에서 설명한 방법들을 우선 사용하면 되고, 그렇지 못하다면 아이에게 전문가의 도움이 필요합니다.

사례의 아이는 초등학교에 막 입학한 만 7살 아이입니다. 그럼 7살 때는 무엇을 꼭 배워야 할까요? 이 시기의 아이는 학교에서 다양한 과목을 공부하고 공동체 생활을 위한 규칙을 배웁니다. 친구들과 어울리고 우정을 쌓습니다. 즉, 지식 습득, 규칙 준수, 친구와의 교류를 아이가 경험하고 익혀야 합니다.

그 과정에서 아이의 관심사가 부모와 가정으로부터 서서히 친구와 선생님으로 넓어집니다. 청소년, 성인이 되어 더 넓은 세상에 나아가기 위한 첫걸음인 것이죠. 그리고 누군가에게 칭찬과 인정을 받으면서 자신감과 성취감을 느낍니다.

이제 부모 스스로 곰곰이 생각해 보세요. 아이가 학교에 가서 무엇인가를 배우고 친구를 만나서 이야기를 나누며 즐겁게 노는 경험을 충분히 하고 있는지를요. 외부 자극에서 오는 불편함으로 집에 있고 싶어 하는 아이 중에도 부모가 충분히 격려하고 안정감을 주면 학교에 잘 가고 친구들과 즐겁게 노는 아이는 있습니다. 이 경우라면 부모의 불안감은 조금 내려놓아도 좋습니다.

앞에서 설명한 부모의 태도와 양육법을 다시 한번 기억해 보세요. 그럼 구체적인 방법을 누구나 생각할 수 있습니다. 긍정적인 감정은 늘리고 부정적인 느낌을 줄여 주는 방법이라면 어떤 것도 좋습니다.

부모가 아이와 함께 한적한 공원에서 보낸 즐거운 시간은 아이에게 긍정적인 집 밖 경험이 될 것입니다. 또한 친한 친구들을 집으로 불러 놀게 한다면, 우정에서 오는 즐거움은 주면서 외부 자극에서 오는 불편감은 줄여 줄 수도 있습니다. 아이가 부모, 친구와 함께 있는 시간을 즐기면 즐길수록, 그 긍정적인 힘을 바탕으로 점점 밖으로 나갈 수 있습니다.

밖에서 오는 불편감을 조절해 주는 것도 밖에 나가기 어려워하는 아이에게 도움이 됩니다. 외출 전에 어디에 갈지, 예상되는 상황은 어떨지를 미리 설명해 주면 아이는 덜 당황하게 됩니다. 만약 불편감을 참기 힘들 때는 어떻게 도움을 요청하면 된다는 점도 아이에게 알려 주고요. 만약 빛에 예민한 아이라면 선글라스를 씌어 주고, 소리에 예민한 아이라면 이어폰을 끼워줘도 좋겠네요.

한 달 전보다 밖에서 지내는 시간을 조금이라도 즐거워한다면, 말을 건네는 친구가 늘었다면, 친구들과 즐겁게 논 경험을 부모에게 이야기한다면 작은 발전에도 관심을 보이고 기뻐해 주세요. 칭찬은 아이에게 예민함에서 오는 불편감을 이겨낼 용기를 줍니다.

단, 예민함에서 오는 불편감으로 아이가 긍정적인 감정을 못 느낄 정도로 괴로워하거나, 미리 겁을 먹고 친구와의 만남이나 등교를 완강히 거부할 정도라면, 그래서 성취감을 느끼고 우정을 경험할 기회까지 잃는다면 지체 말고 아이를 적극적으로 도와줘야 합니다.

또한 앞에서 설명한 방법을 써도 아이 모습이 조금도 변하지 않거나 어떻게 해야 할지 막막하다면 전문가의 의견을 구해 좋은 해결책을 함께 찾아보세요. 그러면 아이에게 필요한 해결책을 찾을 수 있을 뿐만 아니라 부모로서의 효능감도 얻게 될 것입니다.

사례4

"떼를 쓰는 아이가
가끔은 무서워요"

34개월 아이를 키우는 부모예요. 아이가 자기가 원하는 대로 되지 않거나, 조금만 불편하면 그 상황을 참지 못해요. 한번 예민하게 반응하기 시작하면 울고불고 난리가 나요. 아이가 짜증을 내면 진땀이 나고 내 자식이지만 아이가 무서워질 지경이에요. 다른 사람 앞에서는 싫다는 표현도 잘 못하는데 유독 부모에게만 왜 그러는지 모르겠어요. 그래서 결국 어쩔 수 없이 아이가 해달라는 대로 다 해 주게 돼요. 이런 아이를 어떻게 대해야 할지 모르겠어요.

다른 아이보다 쉽사리 진정되지 않는 아이, 자신에 대한 높은 기준으로 쉽게 좌절하는 아이라면 그 감정 표현이 격할 수 있습니다. 그래서 심하게 떼를 쓰거나 소리를 지르고 심지어 물건을 던지기도 합니다. 악을 쓰며 소리 지르는 아이가 부모는 종종 무섭습니다. 울며 숨을 헐떡거리는 아이 모습에 걱정이 되기도 합니다. 이런 아이를 어떻게 대해야 할지 몰라서, 조금이나마 아이가 덜 힘들었으면 하는 마음에 부모는 결국 아이가 원하는 대로 하고 맙니다.

부모는 걱정이 됩니다. 부모로서 잘하고 있는지, 아이를 버릇없게 키우는 것은 아닌지 고민이 깊어집니다. 복잡하고 무거운 마음에 부모는 힘이 듭니다. 어쩔 줄 몰라 답답한 마음에 한숨이 나오기도 합니다. 잠자는 아이 모습이 너무 사랑스럽지만, 다가올 내일이 가끔은 두렵습니다.

위와 같은 상황에서 부모가 느낄 무섭고 당황스럽고 안타까운 마음은 충분히 이해가 갑니다. 다만 어떤 경우라도 아이는 '허용되는 행동과 그렇지 않은 행동', '감정을 다스리는 법', '피할 수 없는 좌절을 조금씩 견디는 법'을 반드시 배워야 합니다. 이 교육은 피할 수 없습니다.

내 아이를 '아이'가 아닌 '성인'인 친구라고 한번 생각해 봅시다. 친구가 화가 났다고 그 감정을 여과 없이 여러분에게 표현하거나, 여러분에게 물건을 던지거나, 자신이 원하는 방식만을 강요한다면 그 관계는 오랫동안 유지되기 어렵습니다. 친구에게 그 행동이 잘못되었다고 명확히 이야기해야겠죠.

예민한 아이를 대할 때도 마찬가지입니다. 친구가 여러분에게 하면 안 되는 행동은 어린아이라도 부모에게 하면 안 됩니다. 그렇기에 아이에게 허용되는 행동의 한계와 기준을 가르쳐야 합니다. 이 교육을 훈육이라고 말하기도 하죠.

한계와 기준, 옳고 그름, 적당한 좌절을 견디는 법은 부모가 아이에게 꼭 가르쳐야 합니다. 이것들은 아이가 사회구성원으로 자라는 데 꼭 필요한 조건이기 때문입니다. 교육의 목표를 잊지 않고 이 목표를 어떻게 달성할 수 있을지 고민하는 부모라면 올바른 훈육을 할 수 있습니다.

혹시나 아이 행동이 변하지 않을 것이라 생각하거나, 아이의 화난 모습에 겁이 나는 부모라면 '일관되고 끈기 있게 아이를 교육할 때 아이는 결국 변한다는 점'을 꼭 기억하세요. 이는 불변의 법칙입니다.

아이가 올바른 습관을 형성하려면 시간이 필요합니다. 자극을 크게 느껴 감정이 요동치는 아이라면 배움의 시간이 조금 더 필요할 수는 있습니다. 하지만 시간이 걸릴지언정, 부모가 흔들리지 않고 일관되게 아이를 대한다면 아이는 결국 규칙과 기준을 배우고 따릅니다. 아이의 타고난 성향은 변하지 않겠지만 감정과 행동을 표현하는 방식은 바뀔 수 있습니다. 그러니 포기하지 말고 끝까지 힘을 내길 바랍니다.

아이가 힘들어하는 모습에 마음이 약해지는 부모라면 부모의 개입이 아이를 더 힘들게 하는 것이 아니라 교육의 과정이라는 점을 명심하세요. 감정을 올바른 방식으로 표현할 수 있어야 존중하고 존중받는 아이로 자랄 수 있습니다. 적당한 좌절을 견디는 아이여야 커서도 녹록지 않은 세상을 헤쳐나갈 수 있습니다.

내 아이가 무섭다고 느끼는 부모는 '혹시 내가 아이에게 상처 주는 건 아닐까?'라는 걱정에 아이를 함부로 대하지 않는 좋은 부모입니다. 다만 결단과 용기가 조금 부족했던 것일 뿐이죠. 그러니 예민함으로 힘들어하는 아이의 감정을 충분히 공감하되, 한계와 기준을 배우고 좌절을 조금씩 견딜 수 있는 아이로 자라도록 도와주세요.

일관된 부모의 태도에 아이는 결국 변합니다. 아이가 화를 내서, 아이가 원하지 않아서, 아이가 힘들어 보여서 부모가 아이에게 교육을 제대로 못하는 일이 부디 없길 바랍니다.

예민함을 조절하는 아이로
키운다는 것

예민한 아이는 그렇지 않은 아이와 조금은 다릅니다. 그러니 예민한 아이를 키울 때 부모도 다르게 접근해야 합니다. 그렇다고 양육법이 아주 다르거나 특별하지는 않습니다. 관점을 달리하고 이 책에서 제시한 예민한 아이를 둔 부모가 꼭 알아야 하는 양육법만 알아도 충분합니다.

이 책을 읽고 난 뒤에 여러분에게 '다름'이 '틀림이 아닌 특별함'으로 다가가길 바랍니다. 부모가 이렇게 시각을 바꾸면 아이에게 긍정적인 자아상을 심어줄 수 있습니다. 자신을 있는 그대로 사랑해 주고 대하는 부모를 거울삼아 아이도 자기 모습을 사랑하게 됩니다.

　다시 강조하지만 완벽하기보다 끈기 있게 이 책의 내용을 아이에게 적용해 보세요. 눈에 잘 띄는 곳에 책을 두고 곱씹어 읽어 보세요.

　예민한 아이를 둔 부모가 꼭 알아야 하는 기본 원칙을 배웠으니 이제 각자에게 맞는 방법을 찾을 때입니다. 여러분만의 방법을 찾는 과정에서 부모는 유능감을 얻고 아이는 자신감을 얻습니다.

　이 책이 여러분에게 행동 지침서로서 널리 쓰일 수 있다면, 저자로서 더할 나위 없이 기쁨을 느낄 것입니다. 끝까지 읽어 준 여러분에게 감사한 마음을 전합니다.

함께 읽으면 좋은 책들

《까다롭고 예민한 내 아이, 어떻게 키울까?》, 일레인 아론 저, 안진희 역, 이마고, 2011년
민감성(sensitivity)이라는 개념을 이해하는 데 도움이 됩니다. 동서를 막론하고 예민한 아이들의 공통점을 찾아볼 수 있습니다. 또한 연령별로 예민한 아이에게 도움이 될 양육 지침을 배울 수도 있습니다.

《불안한 내 아이 심리처방전》, 폴 폭스먼 저, 김세영 역, 예문아카이브, 2017년
예민한 아이가 흔히 보이는 '불안'이란 감정에 주목한 책입니다. 아이가 커가면서 정상적으로 보일 수 있는 두려움과 아이에게 도움이 필요한 수준의 불안을 구분하는 것은 중요합니다. 아이가 불안해하는 모습에 걱정이 된다면 한 번 읽어 보길 권합니다.

《예민한 아이 육아법은 따로 있다》, 나타샤 대니얼스 저, 양원정 역, 카시오페아, 2019년
예민한 아이를 키우면서 흔히 겪게 되는 상황에서 고려할 점과 실질적인 해결책을 제시합니다. 이 책에서 제시한 해결책을 바탕으로 여러분만의 방법을 스스로 찾아보세요. 예민한 아이를 대하는 올바른 태도만 지킨다면 잘못된 방법이란 없습니다.

《예민한 아이의 특별한 잠재력》, 롤프 젤린 저, 이지혜 역, 길벗, 2016년
예민한 아이가 어떤 아이인지를 잘 설명해줍니다. 또한 아이뿐만 아니라 예민한 부모의 마음도 잘 다스려야 한다는 점을 강조합니다. 부모에게 유용한 마음 다스리는 법을 배워보세요. 아이만큼 부모도 소중하답니다.

《우리 아이 왜 그럴까》, 최치현 저, 아몬드, 2021년

부모가 꼭 알아야 하는 발달 이론과 양육 원칙을 쉽게 설명했습니다. 예민한 아이에게도 발달 이론과 양육 원칙은 동일하게 적용됩니다. '우리 아이 왜 그럴까'에서 기본을 다지고 이 책을 다시 읽으면 이해의 폭이 훨씬 넓어질 것입니다.

서울대 정신과 의사의 섬세한 기질 맞춤 육아

예민한 아이 잘 키우는 법

ⓒ 최치현 2021

1판 1쇄 2021년 10월 7일
1판 7쇄 2023년 12월 27일

지은이 최치현
펴낸이 유경민 노종한
책임편집 박지혜
기획편집 유노라이프 박지혜 구혜진 **유노북스** 이현정 함초원 조혜진 **유노책주** 김세민 이지윤
기획마케팅 1팀 우현권 이상운 **2팀** 정세림 유현재 정혜윤 김승혜
디자인 남다희 홍진기
기획관리 차은영
펴낸곳 유노콘텐츠그룹 주식회사
법인등록번호 110111-8138128
주소 서울시 마포구 월드컵로20길 5, 4층
전화 02-323-7763 **팩스** 02-323-7764 **이메일** info@uknowbooks.com

ISBN 979-11-91104-22-6 (13590)